"十四五"时期国家重点出版物出版专项规划项目
先进制造理论研究与工程技术系列

U0181216

机械基础综合实验教程
Comprehensive Experiment Course of Mechanical Basics

历长云　姚彦博　高国刚　主编

哈尔滨工业大学出版社
HITP HARBIN INSTITUTE OF TECHNOLOGY PRESS

内 容 简 介

本书属于实践类教材,主要针对机械类及近机类专业学生。在专业课学习过程中,为了更好地理解机械原理、机械设计、机械制造、工程材料等专业基础及专业核心课程的原理及内容,提高学生应用及创新能力,本书结合工程现场,开展相关教学实验。本书以培养理论功底深厚、工艺知识扎实的应用型人才为目标,旨在提高学生综合实践创新能力。全书共分 3 章,分别介绍机械原理、机械设计、机械制造、工程材料相关课程基础实验及综合创新实验。

本书可作为高等院校机械类和近机类专业的机械工程基础实验教材,也可作为大学生参加机械创新设计大赛、全国金相技能大赛等的参考书。

图书在版编目(CIP)数据

机械基础综合实验教程/历长云,姚彦博,高国刚主编. —哈尔滨:哈尔滨工业大学出版社,2024.1
　(先进制造理论研究与工程技术系列)
　ISBN 978 - 7 - 5767 - 1011 - 3

Ⅰ.①机…　Ⅱ.①历…②姚…③高…　Ⅲ.①机械学-实验-教材　Ⅳ.①TH11-33

中国国家版本馆 CIP 数据核字(2023)第 155906 号

策划编辑　许雅莹
责任编辑　谢晓彤
封面设计　刘　乐
出版发行　哈尔滨工业大学出版社
社　　址　哈尔滨市南岗区复华四道街 10 号　邮编 150006
传　　真　0451-86414749
网　　址　http://hitpress.hit.edu.cn
印　　刷　哈尔滨市颉升高印刷有限公司
开　　本　787 mm×1 092 mm　1/16　印张 13　字数 305 千字
版　　次　2024 年 1 月第 1 版　2024 年 1 月第 1 次印刷
书　　号　ISBN 978 - 7 - 5767 - 1011 - 3
定　　价　38.00 元

(如因印装质量问题影响阅读,我社负责调换)

前　　言

　　本书为了适应教育部推出的"新工科"改革教育的需要,针对高等院校机械类及近机类专业,以培养理论功底深厚、工艺知识扎实的应用型人才为目标编写而成。在编写过程中,注重把专业课程中的理论知识与基础实验及创新性实验相结合,以便学生对专业基础知识有更清晰的认识与掌握。

　　本书主要内容涉及机械专业核心课程的实验内容,包括机械原理、机械设计、机械制造、工程材料相关课程的基础及创新实验。全部实验都从实验目的、实验原理、实验装置、实验材料、实验步骤、实验报告等多个方面进行详细阐述,学生通过相关实验可以更好地了解本专业的理论知识,熟悉现场的工装与设备,同时提升学生动手能力及创新意识。

　　本书可作为高等院校机械类和近机类专业的机械工程基础实验教材,也可作为大学生参加机械创新设计大赛、全国金相技能大赛等的参考书。

　　本书由中国石油大学(北京)克拉玛依校区历长云、姚彦博、高国刚共同编写完成。高国刚编写第1章实验一～实验六和实验八～实验九,姚彦博编写第1章实验七、实验十和第2章,历长云编写第3章。全书由历长云统稿。在编写过程中得到有关院校师生的大力支持,在此深表谢意。

　　鉴于编者水平有限,书中的疏漏与不足之处在所难免,敬请广大读者批评指正。

编　者

2023 年 10 月

目　　录

第1章

机械结构基础及创新实验

　　机械工程基础实验是机械类专业课程教学过程中的重要环节。在机械原理和机械设计两门课程的教学中,有些基本概念需要通过实验来巩固和升华,有些难以理解的理论知识需要实验辅助使其变得通俗易懂,还有一些微观现象需要借助实验手段才能使学生们有一个感性且全面的认知。鉴于理论课程的教学内容和学生学习的实际情况,本章内容包括:

　　(1)在机械(或机构、零件)设计方法的学习中,涉及机构展示、认知与分析及机构运动简图绘制实验(实验一、实验二)。

　　(2)在分析研究典型机构的组成原理及其运动规律时,涉及平面四杆机构实验和凸轮机构实验(实验三、实验四)。

　　(3)在学习机械传动和机械连接内容时,有些微观现象和理论计算需要通过实验来验证,涉及带传动实验、螺栓组实验、轴系结构设计实验(实验五~实验七)。

　　(4)在以上传统实验的基础上引入综合创新实验项目,即机械传动设计与分析实验、平面机构创新设计实验、机械创新设计实验(实验八~实验十),旨在培养学生的创新精神,激发学习兴趣,引导其从多方位的视角去思考问题,进而提出与众不同的解决方案。

实验一　机构展示、认知与分析

一、实验目的

（1）了解常用机械传动的类型、工作原理、组成结构及失效形式。

（2）通过观察和分析机构模型，增强学生对实际机械系统的感性认知，加深对机械结构理论知识的理解，开阔眼界，拓宽思路，培养学生的动手能力和创新能力。

（3）通过实验了解各种常用机构的结构、类型、特点及应用。

二、实验设备及工具

机械设计实验室陈列柜中展示各种机构和传动装置，其机构型号与名称见表1.1。

表1.1　机构型号与名称

机构型号	机构名称	机构型号	机构名称	机构型号	机构名称
A1	曲柄滑块泵	C6	插秧机分秧插秧机构	D27	连杆棘轮机构
A3	曲柄摇杆泵	C8	齿轮-凹轮组合机构	D29	滑道轴节机构
A5	摆杆导杆泵	C9	多轮廓轮换工作机构	D31	万向接头
A7	差动轮系结构	C10	工作移置装置运动机构	D33	偏心轮机构
A8	浮动盘联轴节	D3	内槽轮机构	D34	偏心往复运动机构
A9	齿轮直线机构	D4	滚子推杆心形凸轮机构	D35	急回机构
A10	齿轮摆动机构	D10	心形摩擦轮机构	D36	椭圆齿轮机构
B1	抛光机	D11	扇形齿轮机构	D37	周转轮系机构
B2	装订机机构	D14	直线槽轮机构	D38	三挡齿轮变速机构
B5	步进输送机构	D17	45°螺旋齿轮传动机构	D39	蜗轮蜗杆传动机构
B6	假肢膝关节机构	D18	圆锥直齿传动机构	D41	槽轮机构
B8	简易冲床机构	D19	齿轮传动往复运动机构	D45	90°螺旋齿轮传动机构
B9	铆钉机构	D22	齿轮连杆机构	D46	差速器
C1	新型四杆机构	D24	椭圆仪	D48	运动合成机构
C2	放射连接组合机构	D25	渐开线凸轮机构		
C3	汪克尔旋转式发动机	D26	直线运动机构		

三、实验内容

机械设计实验室陈列柜中所展示的机构主要分为以下几类:平面连杆机构、凸轮机构、齿轮机构、轮系机构、间歇运动机构、组合机构。通过教师演示讲解,学生观察、思考并分析机构的传动原理和运动情况,了解常用机构的结构、类型、特点及应用。

四、实验步骤

1. 了解机构的组成

机构是传递运动和力或者导引构件上的点按给定轨迹运动的机械装置。简单的机器可能只包含一种机构,较复杂的机器则可能包含多种类型的机构。机器中独立运动的单元体称为构件,构件可由一个(或多个)零件的刚性连接组成。两构件直接接触并能产生相对运动的活动连接称为运动副,按照接触部分的几何类型可将运动副分为转动副、移动副、螺旋副、球面副和曲面副等。其中,面与面接触的运动副在接触部分的压强较低,被称为低副;点或线接触的运动副称为高副,其相对于低副更容易磨损。

2. 了解平面连杆机构

连杆机构是机械领域被广泛应用的机械结构之一,其中,又以四杆机构最为常见。平面连杆机构的优点在于结构简单、制造容易且可靠性高。平面连杆机构通常分为以下三类:

(1)铰链四杆机构。根据连架杆为曲柄或摇杆,又可进一步将铰链四杆机构细分为曲柄摇杆机构、双曲柄机构和双摇杆机构。

(2)单移动副机构。它是用一个移动副替换铰链四杆机构中的一个转动副,从而演化而成的一种机构。常见的单移动副机构有曲柄滑块机构、转动导杆机构和摆动导杆机构等。

(3)双移动副机构。它是一种带有两个移动副的四杆机构。

3. 了解凸轮机构

凸轮机构的结构简单紧凑、设计方便,可在运作中使从动件实现任意预期运动,因此在机床、纺织机械、轻工机械、印刷机械中被广泛使用。凸轮机构的类型很多,通常按照凸轮形状、推杆(或从动件)形状或推杆(或从动件)的运动形式来划分。按凸轮的形状可分为盘形凸轮、移动凸轮、圆柱凸轮;按推杆(或从动件)的形状可分为尖顶凸轮、滚子凸轮和平底凸轮;按推杆(或从动件)的运动形式可分为直动式和摆动式。

4. 了解齿轮机构

齿轮机构是现代机械中应用最广泛的高副传动机构之一,它可以用来传递空间任意两轴之间的运动和动力,具有传动功率范围大、传动效率高、传动比准确、使用寿命长、工作安全可靠等特点。齿轮根据形状可分为直齿圆柱齿轮、斜齿圆柱齿轮、圆锥齿轮、蜗轮蜗杆。根据主、从动轮的两轴线相对位置,齿轮传动分为平行轴传动、相交轴传动、交错轴传动。

5. 了解轮系机构

由一系列齿轮所组成的齿轮传动系统称为齿轮系机构,简称轮系。根据轮系运转时各个齿轮的轴线相对于机架的位置是否固定,可将轮系分为三大类:

(1)定轴轮系。如果在轮系转动时,其各个齿轮的轴线相对于机架的位置都是固定的,这种轮系就称为定轴轮系。

(2)周转轮系。如果在轮系转动时,其中至少有一个齿轮轴线的位置并不固定,而是绕着其他齿轮的固定轴线回转,则这种轮系称为周转轮系。

(3)复合轮系。在实际机械中所用的轮系,往往既包含定轴轮系部分,又包含周转轮系部分,或者是由几部分周转轮系组成的,这种轮系称为复合轮系。

6. 了解间歇运动机构

间歇运动机构广泛用于各种需非连续传动的场合。常见的间歇运动机构有摩擦式棘轮机构、槽轮机构、不完全齿轮机构、凸轮式间歇运动机构、非圆齿轮机构等。动态演示各种间歇运动机构可以使学生了解它们的运动特点及应用范围。

7. 了解组合机构

现实中,仅采用某种单一机构往往无法满足整个机械系统在机构性能、运动规律等方面的多样性和复杂性,因而时常需要把几种基本机构联合起来组成一种组合机构。组合机构可以是同类基本机构的组合,也可以是不同类型基本机构的组合。常见的组合方式有串联、并联、反馈、叠加等。

五、注意事项

(1)坚持"安全第一"原则,不要在实验室内跑动或打闹,以免被设备碰伤。

(2)爱护设备,操作设备动作要轻,不要随意移动设备,以免损坏设备;禁止从非拆卸设备或展台上取下零件。

(3)完成实验后,学生应将实验台和实验室打扫干净,并将桌椅物品摆放整齐。

实 验 报 告

1. 仔细观察并分析表 1.1 中的每个机构,根据实验步骤将它们逐一归类(写出各机构对应的机构型号即可)。

机构类型	机构型号
平面连杆机构	
凸轮机构	
齿轮机构	
轮系机构	
间歇运动机构	
组合机构	

2. 轮系结构有哪些类型?请阐述轮系结构的功能,并列举应用实例。

3. 铰链四杆机构可演化成其他哪些四杆机构?试列举应用实例。

实验二　机构运动简图绘制实验

一、实验目的

(1)通过对若干机械模型进行测绘,了解各种运动副及构件的结构形式,学会分析机构的运动关系,掌握机构运动简图的测绘方法。

(2)掌握机构自由度的计算方法,理解机构自由度的概念,理解机构的组成,掌握结构分析的基本方法。

二、实验原理

由于机构的运动只与构件数目、运动副数目及其类型、相对位置有关,因此绘制机构运动简图时,可以不考虑构件的形状和运动副的具体构造,而用《机械制图　机构运动简图用图形符号》(GB/T 4460—2013)规定的运动副、机构构件符号代表实际的运动副与构件,再选择适当的长度比例尺表示各运动副的相对位置,可简明地表达一部复杂机器的机构运动特征与传动原理,还可用图解法求证机构上各点的力、运动轨迹、位移、速度和加速度。常用运动副符号、常用机构运动简图符号、一般构件的表示方法见表1.2、表1.3和表1.4。

表1.2　常用运动副符号

运动副名称		运动副符号	
		两运动构件构成的运动副	两运动构件之一为固定时的运动副
平面运动副	转动副		
	移动副		
	平面高副		

续表1.2

运动副名称		运动副符号	
		两运动构件构成的运动副	两运动构件之一为固定时的运动副
空间运动副	螺旋副		
	球面副及球销副		

表1.3　常用机构运动简图符号

名称	运动简图符号	名称	运动简图符号
在支架上的电机		齿轮齿条传动	
带传动		圆锥齿轮传动	
链传动		圆柱蜗轮蜗杆传动	

续表 1.3

名称	运动简图符号	名称	运动简图符号
外啮合圆柱齿轮传动		凸轮传动	
内啮合圆柱齿轮传动		棘轮机构	

表 1.4　一般构件的表示方法

类型	表示方法
杆、轴类构件	
固定构件	
同一构件	
两副构件	
三副构件	

三、实验设备和工具

（1）教具模型。
（2）铅笔、橡皮、三角板、圆规及草稿纸（此项自备）。

四、实验内容

（1）绘制四个教具模型机构示意图。
（2）计算所绘机构的自由度，判断其运动链能否成为机构。
（3）观察其他各机构的教具模型，分析各机构的运动方式。

五、实验步骤及注意事项

1. 分析机构的特征及数目

缓慢转动（移动）机构模型的原动件，使机构运动；仔细观察机构的运动情况，找出从原动件到工作部分的机构传动路线；从原动件开始，分清各个运动单元，确定组成机构的构件特征和构件数目。

2. 判断各构件之间的运动副种类

从原动件开始，根据互相连接的两构件间的接触情况和相对运动的特点，依次判断各相连构件之间的运动副种类，从而确定各运动副的种类及连接顺序。

3. 绘制机构示意图

正确选择投影面和原动件的位置，按传递运动的路线，用数字 1，2，3，…分别标注各构件，用字母 A，B，C，…分别标注各运动副，在草稿纸上绘制机构示意图。

4. 绘制机构运动简图

测量与机构运动有关的尺寸，即转动副间的中心距和移动副某点导路的方位线等，选定原动件的位置，选择适当的比例尺 μ，绘制出机构运动简图。

$$\mu = 构件实际长度 \div 图上长度 \tag{1.1}$$

式中，构件实际长度的单位是 m 或 mm；图上长度的单位是 mm。

5. 计算自由度

自由度计算方法如下：

$$F = 3n - 2P_{\mathrm{L}} - P_{\mathrm{H}} \tag{1.2}$$

式中，F 为机构自由度；n 为活动构件数；P_{L} 为低副约束数；P_{H} 为高副约束数。

抄入所绘机构的编号、名称、绘图比例等，判断原动件数是否与自由度相等，分析机构运动的确定性，完成整个机构的绘图。

6. 注意事项

（1）对所有与机构运动无关的尺寸和结构都不予考虑，只需按影响机构运动的有关尺寸，定出各运动副的位置，用规定的构件及运动副的符号绘制机构运动简图。不严格按比例绘制的简图称为机构示意图，在分析研究现有机械或设计新机械时都需要绘制机构运动简图。

（2）在绘制机构运动简图时，不要增减构件数目，也不要改变运动副性质。

【例】　将回转偏心泵复原为曲柄杆件,如图1.1所示。

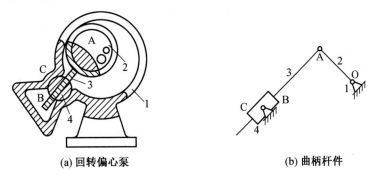

　　　　(a) 回转偏心泵　　　　　　　　　　　　　　(b) 曲柄杆件

图1.1　回转偏心泵复原为曲柄杆件

实 验 报 告

1. 完成不少于四种机构运动简图的绘制并计算机构自由度。

序号	机构名称	机构运动简图	机构自由度计算
1			
2			
3			
4			

2. 简述机构运动简图的内涵。机构运动简图应准确反映实际机构中的哪些项目?

3. 机构自由度的计算对测绘机构运动简图有何帮助? 机构具有确定运动的条件是什么?

4. 能否改进和创新所测绘机构的机构运动简图?

实验三　平面四杆机构实验

一、实验目的

(1)了解曲柄(导杆)摇杆机构和曲柄(导杆)滑块机构的运动规律。

(2)了解位移、速度和加速度的测定方法,增加对两种机构的运动规律的感性认识。

(3)比较几种机构运动规律的异同。

二、实验设备及工具

(1)QY-Ⅰ曲柄(导杆)摇杆机构实验台。

(2)QH-Ⅰ曲柄(导杆)滑块机构实验台。

(3)活动扳手、固定扳手、内六角扳手、螺丝刀、钢直尺。

(4)笔记本电脑(自备),要求 Windows 8 及以下操作系统。

三、实验设备结构及实验原理

1. 曲柄(导杆)摇杆机构实验台

QY-Ⅰ曲柄(导杆)摇杆机构实验台如图1.2所示,由曲柄、导杆、连杆、摇杆等部件组成,且各部件尺寸均可调。

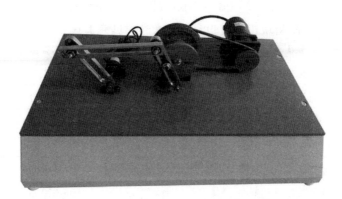

图 1.2　QY-Ⅰ曲柄(导杆)摇杆机构实验台

QY-Ⅰ曲柄(导杆)摇杆机构实验台的技术参数见表 1.5。

表 1.5　QY-Ⅰ曲柄(导杆)摇杆机构实验台的技术参数

构件名称	技术参数
直流电机功率	125 W/220 V
电机调速方式及范围	无级调速;0 ~ 400 r/min
曲柄长度可调范围	20 ~ 60 mm
导杆长度可调范围	50 ~ 150 mm

续表1.5

构件名称	技术参数
连杆长度可调范围	50～220 mm
摇杆长度可调范围	50～150 mm
角位移传感器	1 000 栅/r

2. 曲柄(导杆)滑块机构实验台

QH-Ⅰ曲柄(导杆)滑块机构实验台如图1.3所示,由曲柄、导杆、连杆、滑块等部件组成,且各部件尺寸均可调。

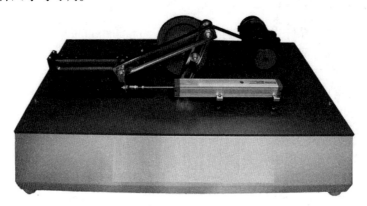

图1.3　QH-Ⅰ曲柄(导杆)滑块机构实验台

QH-Ⅰ曲柄(导杆)滑块机构实验台的技术参数见表1.6。

表1.6　QH-Ⅰ曲柄(导杆)滑块机构实验台的技术参数

构件名称	技术参数
直流电机功率	125 W/220 V
电机调速方式及范围	无级调速;0～400 r/min
曲柄长度可调范围	20～60 mm
导杆长度可调范围	50～150 mm
连杆长度可调范围	50～220 mm
摇杆长度可调范围	50～150 mm
滑块偏心距	0～10 mm

四、实验内容与步骤

(1)选择实验机构,观察各构件是否紧固,用手拨动机构,检查机构运动是否正常。

(2)测量机构部分尺寸参数,填入实验报告的表格中。

(3)连接或检查传感器、控制箱和计算机之间接线是否正确。

(4)打开控制箱电源,启动电机,缓慢增加电机转速,观察机构运动过程。

(5)打开计算机上的控制软件,进入数据采集界面,采集相应数据,观察机构运动曲线。

（6）采集数据完毕后，点击界面上方文件按钮，选择生成全部曲线 Excel 文件，保存生成的文件。

（7）根据采集到的运动曲线和表格文件，计算摇杆（或滑块）的部分运动参数，填入表格中。

（8）根据表格数据，设计具有等效输出的曲柄摇杆机构和曲柄滑块机构。

（9）点击运动仿真进入机构设计仿真窗体，选择相应机构并设置相关参数，点击仿真按钮，观察和对比几种机构运动规律的异同。

（10）实验结束，应将实验台的电机调速旋钮旋至最低，再关闭电源按钮。关闭实验台的电源按钮，整理实验桌面。

五、注意事项

（1）坚持"安全第一"原则，注意人身安全，避免头发、衣袖等物体卷入设备。

（2）爱护设备，操作设备动作要轻，以免损坏设备；开机运行前要仔细检查各部分安装是否到位、连接螺栓是否拧紧；开机后，不要太靠近运动零件。

（3）完成实验后，学生应将实验台和实验室打扫干净，并将桌椅物品摆放整齐。

实 验 报 告

1. 自制表格,分别测量并计算两种机构的以下参数。

测量项目	曲柄(导杆)摇杆
曲柄长度	
摇杆摆角	
机架长度	

测量项目	曲柄(导杆)滑块
行程速比系数	
导路偏距	
滑块冲程	

2. 设计相同位移输出的曲柄摇杆机构和曲柄滑块机构,绘制机构运动简图,标注尺寸和比例。

3. 比较曲柄(导杆)摇杆机构和曲柄(导杆)滑块机构的异同,试举出应用实例。

实验四 凸轮机构实验

一、实验目的

(1)熟悉凸轮机构的组成,学会分析和控制凸轮机构的运动过程。

(2)掌握机构运动参数测试的原理和方法,了解两种机构从动件位移、速度、加速度的变化规律。

二、实验设备及工具

(1)TL-Ⅰ型柜式凸轮机构实验台及数据采集软件。

(2)活动扳手、固定扳手、内六角扳手、螺丝刀、钢直尺。

三、实验设备结构及工作原理

TL-Ⅰ型柜式凸轮机构实验台如图1.4所示,其主要包括支承模块、凸轮模块、推杆模块以及数据采集模块。其中,凸轮模块主要由盘形凸轮6、电动机1、主动带轮2、从动带轮4、传动带3和滚子推杆7等组件构成;推杆模块主要由滚子推杆7、伸缩弹簧8、导轨等组件构成,推杆模块在凸轮驱动下做直线运动;数据采集模块由光栅角位移传感器5和直线位移传感器9组成,可对凸轮运动参数进行采集与监测。TL-Ⅰ型柜式凸轮机构实验台提供了等速运动规律、等加速等减速运动规律、多项式运动规律、余弦运动规律、正弦运动规律、改进等速运动规律、改进正弦运动规律、改进梯形运动规律八种盘形凸轮和一种等加速、等减速运动规律的圆柱凸轮供检测使用。TL-Ⅰ型柜式凸轮机构实验台主要构件参数见表1.7。

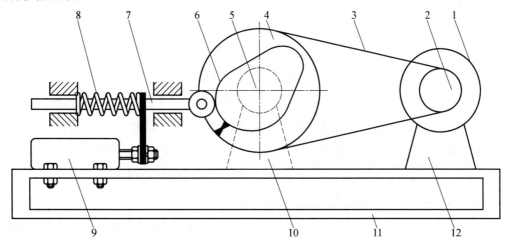

图1.4 TL-Ⅰ型柜式凸轮机构实验台

1—电动机;2—主动带轮;3—传动带;4—从动带轮;5—光栅角位移传感器;6—凸轮;7—滚子推杆;
8—伸缩弹簧;9—直线位移传感器;10—角位移传感器底座;11—实验台底座;12—电动机底座

表 1.7　TL-Ⅰ型柜式凸轮机构实验台主要构件参数

凸轮类型	基本参数	
盘形凸轮	基圆半径:$R_0 = 40$ mm	最大升程:$H_{max} = 15$ mm
圆柱凸轮	最大升程角:$\alpha = 150°$	最大升程:$H_{max} = 38.5$ mm

凸轮机构主要是由凸轮、从动件和机架三个基本构件组成的高副机构,其原理图如图 1.5 所示。凸轮是一个具有曲线轮廓或凹槽的盘形构件,做等速回转运动。滚轮与凸轮轮廓接触,并与导杆连接,当凸轮转动时,导杆实现往复运动,且导杆的运动规律取决于凸轮轮廓曲线。由于组成凸轮机构的构件数较少,结构比较简单,因此只要合理地设计凸轮的轮廓曲线就可以使从动件获得各种预期的运动规律。

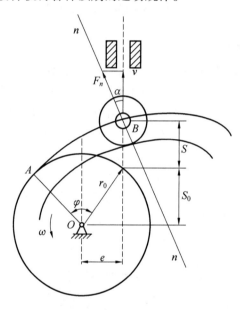

图 1.5　凸轮机构原理图

实验台采用单片机与 A/D 转换集成相结合进行数据采集,处理分析及实现与 PC 机的通信,达到实时显示运动曲线的目的。该测试系统先进、测试稳定、抗干扰性强。同时该系统采用光电传感器、位移传感器作为信号采集手段,具有较高的检测精度。数据通过传感器与数据采集分析箱将机构的运动数据通过计算机串口送到 PC 机内进行处理,形成运动构件运动参数变化的实测曲线,为机构运动分析提供手段和检测方法。

本实验台电机转速控制系统有两种方式:①手动控制,通过调节控制面板上的液晶调速菜单调节电机转速;②软件控制,在实验软件中根据实验需要来调节。电机控制原理框图如图 1.6 所示。

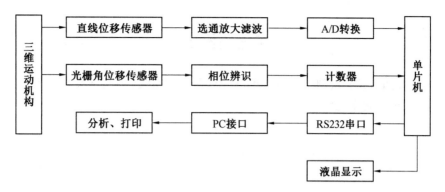

图1.6　电机控制原理框图

四、实验内容

(1)测量盘形凸轮的轮廓线,测量其运动规律。

(2)利用计算机仿真凸轮机构的运动过程,并绘制凸轮机构的运动曲线图。

(3)完成实测曲线与理论曲线的对比分析。

五、实验步骤及注意事项

(1)选择凸轮,将其安装于凸轮轴上,并紧固,用手拨动机构,检查机构运动是否正常。

(2)连接并检查传感器、控制箱和计算机之间接线是否正确。

(3)打开控制箱电源,启动电机,缓慢增加电机转速,观察机构运动过程。

(4)打开计算机上的控制软件,进入数据采集界面,采集相应数据,观察机构运动曲线。

(5)采集数据完毕后,点击界面上方文件按钮,选择生成全部曲线 Excel 文件选项,保存生成的文件。

(6)分析实验中采集的数据和理论曲线,是否与观察到的机构运动规律一致,试画出凸轮主动件旋转一周时从动件的线位移、线速度和线加速度变化曲线。

(7)实验结束,应将实验台的电机调速旋钮旋至最低,再关闭电源按钮。关闭实验台的电源按钮。整理实验桌面。

(8)注意事项。

①机构运动速度不宜过快。②机构启动前一定要仔细检查连接部分是否牢靠。手动转动机构前,先检查曲柄是否能够整周旋转。③设备运行时间不宜太长,设备工作一段时间后,应停下来检查机构连接是否松动。④受振动、信号噪声等干扰因素的影响,采集曲线会有毛刺。⑤注意人身安全,避免头发、衣袖等物体卷入设备。⑥爱护设备,操作设备动作要轻,以免损坏设备。⑦完成实验后,学生应将实验台和实验室打扫干净,并将桌椅物品摆放整齐。

实 验 报 告

1. 选取合理的数据,绘制凸轮机构推杆的运动规律曲线(主动件旋转一周,从动件的位移、速度、加速度的变化规律)。

2. 试举两个例子说明凸轮机构的运动特点,并说明其结构组成。

实验五　带传动实验

一、实验目的

(1)了解带传动实验机的工作原理和扭矩转速的测量方法。

(2)观察带传动中的弹性滑动和打滑现象,以及它们与带传递的载荷之间的关系。

(3)了解预紧力及从动轮负载的改变对带传动的影响,绘制弹性滑动曲线和效率曲线。

二、实验设备及工具

(1)DS-Ⅰ型带传动实验台及数据采集软件。

(2)笔记本电脑(自备),要求 Windows 8 及以下操作系统。

三、实验设备结构及实验原理

DS-Ⅰ型带传动实验台及其原理图如图 1.7 所示。带传动实验台机械部分主要由两台直流电机组成,其中一台作为原动机,另一台则作为负载的发电机。对原动机,由无级调速装置供给电动机电枢以不同的端电压,实现无级调速。对发电机,由单片机装置供给负载不同的端电压,使发电机负载逐步增加,电枢电流增大,电磁转矩也随之增大,即发电机的负载转矩增大,实现负载的改变。

(a) DS-Ⅰ型带传动实验台

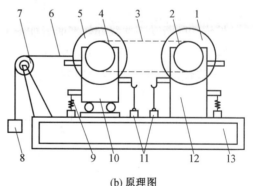

(b) 原理图

图 1.7　DS-Ⅰ型带传动实验台及其原理图

1—发电机;2—从动带轮;3—传动带;4—主动带轮;5—主动直流电机;6—牵引绳;7—滑轮;
8—砝码;9—支承杆;10—浮动支座;11—压力传感器;12—固定支座;13—底座

两台电机均采用侧压支承,当传递载荷时,作用于电机定子上的力矩 T_1(主动电机力矩)、T_2(从动电机力矩)迫使压杆作用于压力传感器,传感器输出的电信号正比于 T_1、T_2 的原始信号。

传动带在开始绕上主动轮时,带的速度等于主动轮的线速度;带在绕出主动轮时,带的速度低于主动轮的线速度。在从动轮上发生着类似的过程,即传动带在开始绕上从动轮时,带的速度等于从动轮的线速度;带在绕出大带轮时,带的速度高于从动轮的线速度。

传动带经过上述循环,带速没有发生变化。但是从动轮的线速度 v_2 却因此而小于主动轮的线速度 v_1。两带轮线速度的相对变化量可用滑动率 ε 来评价:

$$\varepsilon = \frac{v_1 - v_2}{v_1} \times 100\% \tag{1.3}$$

或

$$v_2 = (1-\varepsilon)v_1 \tag{1.4}$$

式中,v_1 和 v_2 分别为主动轮和从动轮的线速度,故有

$$\begin{cases} v_1 = \dfrac{\pi d_1 n_1}{60 \times 1\,000} \\ v_2 = \dfrac{\pi d_2 n_2}{60 \times 1\,000} \end{cases} \tag{1.5}$$

式中,n_1 和 n_2 分别为主动轮和从动轮的转速,r/min;d_1、d_2 分别为主动轮和从动轮的直径。

将式(1.5)代入式(1.3)可得

$$d_2 n_2 = (1-\varepsilon)d_1 n_1 \tag{1.6}$$

因而带传动的平均传动比为

$$i = \frac{n_1}{n_2} = \frac{d_2}{(1-\varepsilon)d_1} \tag{1.7}$$

从以上分析可知,当主动轮与从动轮的直径相等时,则有

$$\varepsilon = \frac{n_1 - n_2}{n_1} \times 100\% \tag{1.8}$$

带传动的滑动率曲线和效率曲线如图1.8所示。在带传动初期,滑动率 ε 随载荷(负载转矩 T_2 或有效拉力 $F_2 = 2T_2/D_2$)的增加而呈线性增加,此时传动带处于弹性滑动范围内,属于弹性滑动区。当载荷增加至超过某一值后,滑动率增加很快,皮带在弹性滑动与

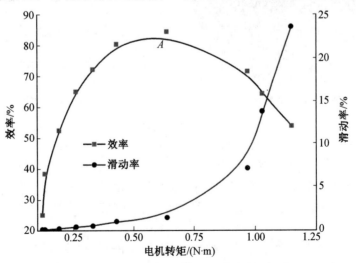

图1.8　带传动的滑动率曲线和效率曲线

打滑同时存在的范围内工作,属于打滑区。当负载继续增加,传动带在带轮上处于完全打滑状态,此时滑动率 ε 近似于直线上升。为了保证传动带在工作中不打滑,又能发挥带的最大工作能力,临界条件应取在 A 处,在该临界条件下,滑动率 $\varepsilon = 1\% \sim 2\%$,此时传动效率 η 处于较高值,η 的计算式为

$$\eta = \frac{P_2}{P_1} = \frac{M_2 \times n_2}{M_1 \times n_1} \times 100\% \tag{1.9}$$

式中,P_1 和 P_2 分别为主动轮和从动轮的效率;M_1 和 M_2 分别为主动电机和从动电机的转矩;n_1 和 n_2 分别为主动轮和从动轮的转速。

四、实验内容

1. 效率测量

主动电机输出的功率一部分消耗于带、轴承等的摩擦损耗,绝大部分经从动带轮传递给发电机输出给负载。由式(1.9)可知,只要分别测出主动电机与从动电机的转速和转矩,便可计算出传动效率。

2. 滑动率测量

带传动时,由于存在弹性滑动现象,所以从动轮的线速度总是低于主动轮的线速度。在 DS–Ⅰ型带传动实验台中,所采用的主动轮与从动轮的直径相等,因此只要测得主动轮和从动轮的转速,便能通过式(1.8)计算出带传动的滑动率。

3. 绘制弹性滑动曲线和效率曲线

在该实验中,主动电机和从动电机的转速、转矩等参数均可通过数据采集软件直接测得。多次测量(不少于 10 次)电机的转速和转矩,计算效率和滑动率,参照图 1.8 绘制滑动率曲线和效率曲线。

五、实验步骤及注意事项

(1)通过 USB 转 RS232 转接线将笔记本电脑与实验台相连接,安装 USB 转串口 CH340G 驱动,在设备管理器中查看串口号,确认驱动安装成功。

(2)安装带传动实验台数据采集软件,开启实验台电源,打开软件,选择操作→采集选项,此时主动电机和从动电机的数据曲线将会在计算机上实时显示。

(3)通过加载或卸载砝码调节传动带的张紧力。旋转旋钮调节主动电机转速至合适值并保持转速稳定。

(4)触按加载或卸载按钮增加或减小载荷,观察效率和滑动率曲线变化趋势,并采集数据。

(5)保存实验数据,拟合并绘制滑动率曲线和效率曲线,整理实验台,结束实验。

(6)注意事项。

①数据采集软件最多可采集 10 组数据,因此在改变负载和数据采集过程中要时刻注意效率和滑动率曲线变化趋势,所采数据要能够完全反映出弹性滑动、打滑和完全滑动这三个阶段特性。②负载增加的最大值为 100,增减步长为 2,因此皮带的张紧力要适中。张紧力太大,当负载增加到最大值时,依然无法观察到打滑或完全打滑现象;张紧力太小,

则打滑和完全打滑现象将过早出现。③注意人身安全,避免头发、衣袖等物体卷入设备。④爱护设备,操作设备动作要轻,以免损坏设备。增减砝码时,要拿稳、放好,避免被砝码滑落砸伤。⑤完成实验后,学生应将实验台和实验室打扫干净,并将桌椅物品摆放整齐。

实 验 报 告

1. 填写下表,记录实验数据。

序号	参数					
	n_1 /(r·min^{-1})	n_2 /(r·min^{-1})	ε/%	M_1 /(N·m)	M_2 /(N·m)	η/%
1						
2						
3						
4						
5						
6						
7						
8						
9						
10						

2. 根据实验数据,绘制带传动的滑动率曲线和效率曲线。

3. 思考并回答以下问题。

(1)带传动的弹性滑动和打滑现象有何区别?它们各自产生的原因是什么?

(2)为什么带传动要以滑动特性曲线为设计依据而不按抗拉强度计算?试阐述其合理性。

(3)带传动的效率如何测定?试阐述传动效率与有效拉力的关系。

实验六　螺栓组实验

一、实验目的

(1)深化课程学习中对螺栓组连接受力分析的认识。
(2)初步掌握电阻应变仪的工作原理和使用方法。
(3)测试螺栓组连接在翻转力矩作用下各螺栓所受的载荷。

二、实验设备及工具

(1)LST-Ⅰ型柜式螺栓组实验台、螺栓应力-应变数据采集与分析软件、固定扳手。
(2)笔记本电脑(自备),要求 Windows 8 及以下操作系统。

三、实验设备结构及实验原理

LST-Ⅰ型柜式螺栓组实验台结构图如图 1.9 所示。为了便于测试,实验台的螺栓设计成细而长的实验螺栓,每个螺栓上都贴有电阻应变片。可在螺栓测试部位的任一侧贴一片电阻应变片,或在对称的两侧各贴一片电阻应变片。

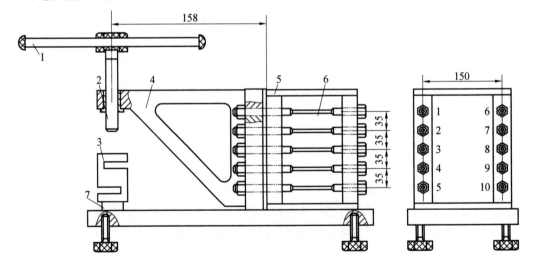

图 1.9　LST-Ⅰ型柜式螺栓组实验台结构图(单位:mm)

1—手柄;2—加载杆;3—载荷传感器;4—被连接件;5—机座;6—连接螺栓;7—传感器支承板

电阻应变仪是利用金属材料的特性,将非电量的变化转换成电量变化的测量仪器,应变测量的转换元件(即应变片)是用极细的金属电阻丝绕制而成或用金属箔片印刷腐蚀而成,用黏结剂将应变片牢固地贴在试件上,当被测试件受到外力作用长度发生变化时,粘贴在试件上的应变片也相应变化,应变片的电阻值也随着发生了 ΔR 的变化,这样便能把机械形变量转换电阻值的变化,进而转换成电信号的变化。用灵敏的电阻测量仪器

（即电桥）测出电阻值的变化 $\Delta R/R$，就可以换算出相应的应变 ε，如果该电桥用应变来刻度，就可以直接读出应变，完成非电量的电测。电阻应变片的应变效应是指将上述机械量转换成电量的关系，用电阻应变片的灵敏系数 K 来表征，计算方法如下：

$$K=\frac{\Delta R/R}{\Delta L/L}=\frac{\Delta R/R}{\varepsilon} \tag{1.10}$$

本实验用的静态螺栓应变仪就是按照上述原理进行数字表示的。螺栓应变仪数据采集原理如图 1.10 所示。

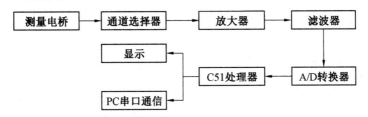

图 1.10　螺栓应变仪数据采集原理

测量电桥是按 120 Ω 设计的，图 1.11 中 R_1 为单臂测量时的外接应变片，在仪器内部有三个 120 Ω 精密无感线绕电阻作为电桥测量时的内半桥。电桥中的 A、C 端是由稳压电源供给的 5 V 直流稳定电压，作为电桥的工作源。仪器在无应变信号时，系统通过程序控制将电桥调平衡，B、D 端没有电压输出，测量电桥原理图如图 1.11 所示。

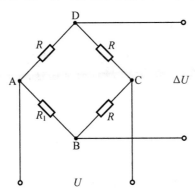

图 1.11　测量电桥原理图

当试件受力产生形变时，由应变效应而引起的桥臂应变片的阻值变化 $\Delta R/R$，破坏了电桥的平衡，B、D 端有一个 ΔU 的电压输出：

$$\Delta U=\frac{U\Delta R}{4R_1}=\frac{1}{4}UK\varepsilon \tag{1.11}$$

本实验台在加载杆下安装了载荷传感器，当加载杆拧紧时，载荷传感器将压力信号输入到数字测量仪中，通过数字测量仪直接将压力信号显示在屏上。实验台配置了一套螺栓应力-应变数据采集与分析软件，只要将检测数值输入到相应界面的参数栏中，即可自动描绘有关曲线。实验台所使用的螺栓尺寸如图 1.12 所示。实验结构部分尺寸如图 1.9 所示。

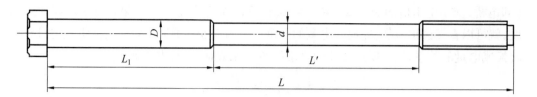

$$D = 10\ mm \quad d = 6\ mm \quad L = 160\ mm \quad L' = 40\ mm \quad L_1 = 65\ mm$$

图 1.12　螺栓尺寸

四、实验内容

1. 螺栓组连接的受力分析与计算

进行螺栓组连接受力分析的目的是,根据连接的结构和受载情况,求出受力最大的螺栓及其所受的力,以便进行螺栓连接的强度计算。为了简化计算,在分析螺栓组连接的受力时,假设所有螺栓的材料、直径、长度和预紧力均相同;螺栓组的对称中心与连接接合面的形心重合;受载后连接接合面仍保持为平面。

2. 螺栓应变测量

利用螺栓应力–应变数据采集与分析软件测量螺栓应变,计算螺栓受力,为螺栓连接的强度校核提供理论依据。

3. 绘制螺栓组应力分布图

五、实验步骤及注意事项

(1)通过 USB 转 RS232 转接线将笔记本电脑与实验台相连接,安装 USB 转串口 FTDI 驱动,在设备管理器中查看串口号,确认驱动安装成功;安装螺栓应力–应变数据采集与分析软件。

(2)各螺栓编号如图 1.9 所示,用手先将左侧各个螺母(1～5 号)拧紧,然后再把右侧各个螺母(6～10 号)拧紧。注意在实验前,如果螺栓已经受力,应先将其拧松后再做初预紧。

(3)接上电源线,打开螺栓组实验台的电源,让设备预热 3～5 min。打开实验软件进入主界面,选择操作→采集选项,或点击工具栏中的采集按钮,若计算机与实验台正常通信,则各螺栓数据曲线将会在计算机上实时显示。

(4)选择操作→调零选项,使测量电桥趋于平衡。观察各螺栓的应变值变化情况,直至各螺栓的应变值约为 0。

(5)在软件中点击选择螺杆按钮,然后用扳手给对应编号的螺栓预紧,重复该操作,依次完成各螺栓的预紧操作,并使各螺栓的预紧应变值保持一致。选择操作→预紧选项,系统会根据预紧情况自动进行数据分析,即预紧值没有相同时,系统将自动调节,并在数据处理时做相关补偿运算。

(6)选择操作→设置当前值为参考值选项,记录当前螺栓的应变值为参考值。选择操作→采点选项,或点击工具栏中相应的快捷按钮,软件将记录并显示参考值的曲线位置。

28

（7）选择操作→确定参考值加载选项，旋转手柄为螺栓组增加一定的负载；选择操作→采点选项，记录所增加的负载值和十根螺栓在该载重下的应变值，以及该应变值与参考值的差值。观察、计算并分析螺栓组的应变变化趋势。

（8）选择实验项目→生成实验报告选项，可预览并打印实验结果。

（9）完成实验后，卸掉负载，松开螺栓至自由状态，关掉应变仪电源，拆除仪器连接线。

（10）根据实验数据撰写实验报告。

（11）注意事项。

①步骤（5）中，对各螺栓预紧时，螺栓应变最大不得超过 175 $\mu\varepsilon$（即不得超过 175 微应变）；②步骤（7）中，通过旋转手柄为螺栓组增加的负载最大不得超过 500 kgf（1 kgf = 9.806 65 N）；③注意人身安全，爱护设备，操作设备动作要轻，以免损坏设备；④完成实验后，学生应将实验台和实验室打扫干净，并将桌椅物品摆放整齐。

六、计算说明

1. 受倾覆力矩的螺栓组连接受力分析

螺栓组连接的典型受载情况有以下几种：①受横向载荷的螺栓组连接；②受转矩的螺栓组连接；③受轴向载荷的螺栓组连接；④受倾覆力矩的螺栓组连接。本实验所用的 LST-I 型柜式螺栓组实验台，螺栓组连接的受载情况属于第④种。通过实验步骤可知，利用加载手柄可为被连接件施加一定量的倾覆力矩。实验台的被连接件在承受倾覆力矩前的受力情况如图 1.13 所示，由于螺栓已预紧，假设收到的预紧力为 F_0，各螺栓在 F_0 的作用下有均匀的伸长，而被连接件在 F_0 的作用下有均匀的压缩。

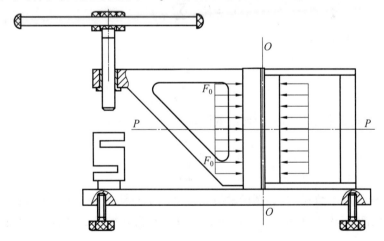

图 1.13　倾覆力矩加载前，被连接件的受力情况

当使用旋转手柄加载后，被连接件将绕轴线 Q—Q 倾转一个角度，假定仍保持为平面。此时，在轴 Q—Q 的上侧，机座被压缩，螺栓被放松；在 Q—Q 的下侧，机座被放松，螺栓被进一步拉伸。被连接件所受到的倾覆力矩 M 及其受力情况如图 1.14 所示。

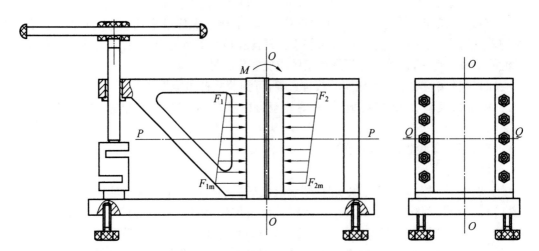

图 1.14　倾覆力矩加载后,被连接件的受力情况

2. 理论载荷拉力计算

作用在 O—O 两侧接触面上的两个总合力对 O—O 面形成一个力矩,这个力矩与外加的倾覆力矩 M 平衡,即

$$M = \sum_{i=1}^{z} F_i L_i \tag{1.12}$$

$$F_i = F_{max} \frac{L_i}{L_{max}} \tag{1.13}$$

联立以上两式可得

$$M = F_{max} \sum_{i=1}^{z} \frac{L_i^2}{L_{max}} \tag{1.14}$$

螺栓所受的最大工作载荷为

$$F_{max} = \frac{ML_{max}}{\sum\limits_{i=1}^{z} L_i^2} \tag{1.15}$$

因此,可以得出各螺栓所受的理论载荷拉力为

$$F_i = \frac{ML_i}{\sum\limits_{i=1}^{z} L_i^2} \tag{1.16}$$

式中,z 为螺栓的总个数;L_i 为各螺栓轴线到接合面中心轴线 Q—Q 的距离;L_{max} 为 L_i 中的最大值;M 为绕接合面的倾覆力矩,$\mathrm{N \cdot m}$,$M = PL$;P 为外加载荷,N;L 为加载点到接合面的距离,m。

3. 利用螺栓的应变量计算螺栓的应力

$$F = E\varepsilon A \tag{1.17}$$

式中,F 为螺栓所受的应力,N;ε 为螺栓的应变量;E 为弹性模量,Pa;A 为螺栓截面积,$\mathrm{m^2}$。

式(1.17)中,钢材的弹性模量为

$$E = 2.06 \times 10^{11} \ \text{Pa} = 2.06 \times 10^{11} \ \text{N/m}^2 = 206 \ \text{GPa} \qquad (1.18)$$

单位换算关系为

$$1 \ \text{MPa} = 10.2 \ \text{kgf/cm}^2 = 10.2 \times 9.8 \times 10^4 \ \text{N/m}^2 = 1 \times 10^6 \ \text{Pa}$$

螺栓应变量 ε 的计算公式为

$$\varepsilon = \ln \frac{L}{L_0} \qquad (1.19)$$

式中，L 为螺栓拉伸后的长度；L_0 为螺栓拉伸前的长度。

从式(1.19)可知，螺栓应变量 ε 无量纲，$\mu\varepsilon$ 称为微应变，二者关系为

$$1\varepsilon = 1 \times 10^6 \ \mu\varepsilon$$

实 验 报 告

1. 根据实验数据和上述理论公式,计算并填写下表。

实验项目	螺栓编号									
	1	2	3	4	5	6	7	8	9	10
零点应变	0	0	0	0	0	0	0	0	0	0
预紧应变(参考值)										
实验应变(当前值)										
载荷应变(差值)										
实验拉力 F										
载荷拉力 ΔF										
理论载荷拉力 F_i										

注意:

实验拉力 F——整个实验过程中,螺栓共产生两次形变:①螺栓预紧时产生了形变;②施加载荷时产生了形变。因此在计算实验拉力 F 时,应该使用实验应变(当前值)进行计算,该数值是整个实验过程中螺栓产生总应变量。

载荷拉力 ΔF——计算载荷拉力 ΔF 时,应使用载荷应变(差值),即由施加载荷而引起的螺栓形变。

理论载荷拉力 F_i——在使用公式计算 F_i 时,L_i 是第 i 个螺栓轴线到接合面中心轴线 Q—Q 的距离,相关尺寸在实验台结构图中均已给出。

2. 绘制实测螺栓应力分布图,包括实验拉力 F、实验载荷拉力 ΔF 和理论载荷拉力 F_i。

3. 螺栓组连接理论计算与实验所得结果之间的误差是由哪些原因引起的?

实验七　轴系结构设计实验

一、实验目的

(1)熟悉并掌握轴、轴上零件的结构形状及功用、工艺要求和装配关系。

(2)熟悉并掌握轴及轴上零件的定位与固定方法,为轴系结构设计提供感性认识。

(3)了解轴承的类型、布置、安装及调整方法,以及润滑和密封方式。

(4)掌握轴承组合设计的基本方法,综合创新轴系结构设计方案。

二、实验设备

组合式轴系结构设计与分析实验箱如图1.15所示。

图1.15　组合式轴系结构设计与分析实验箱

三、实验设备说明

(1)实验箱内包含组成圆柱齿轮轴系、小圆锥齿轮轴系和蜗杆轴系三类轴系结构模型的成套零件,并进行模块化轴段设计,可组装成不同结构的轴系部件。

(2)实验箱按照组合设计法,采用较少的零部件可以组合出尽可能多的轴系部件,以满足实验的要求。实验箱内有齿轮类、轴类、套筒类、端盖类、支座类、轴承类及连接件类等68种125个零件。注意:每箱零件只能单独装箱存放,不得与其他箱内零件混杂在一起,以免影响下次实验。

四、实验原理

1. 轴系的基本组成

轴系是由轴、轴承、传动件、机座及其他辅助零件组成的,以轴为中心的相互关联的结构系统。传动件是指带轮、链轮、齿轮和其他做回转运动的零件。辅助零件是指键、轴承端盖、调整垫片和密封圈等一类零件。

2. 轴系零件的功用

轴用于支承传动件并传递运动和转矩,轴承用于支承轴,机座用于支承轴承,辅助零件起连接、定位、调整和密封等作用。

3. 轴系结构应满足的要求

(1)定位和固定要求:轴和轴上零件要有准确、可靠的工作位置。

(2)强度要求:轴系零件应具有较高的承载能力。

(3)热胀冷缩要求:轴的支承应能适应轴系的温度变化。

(4)工艺性要求:轴系零件要便于制造、装拆、调整和维护。

五、实验内容

(1)根据教学要求给每组学生指定实验内容(圆柱齿轮轴系、小圆锥齿轮轴系或蜗杆轴系等)。

(2)熟悉实验箱内的全套零部件,根据提供的轴系装配图,选择相应的零部件进行轴系结构模型的组装。

(3)分析轴系结构模型的装拆顺序,传动件的周向和轴向定位方法,轴的类型、支承形式、间隙调整、润滑和密封方式。

(4)通过分析并测绘轴系部件,根据装配关系和结构特点画出轴系结构装配示意图。

六、实验步骤

(1)明确实验内容及要求,复习轴的结构设计及轴承组合设计等内容。

(2)每组学生使用一个实验箱,根据给出的轴系结构装配示意图之一,构思轴系结构装配方案。

(3)在实验箱内选取所需要的零部件,进行轴系结构模型的组装。

(4)分析总结轴系结构模型的装拆顺序,传动件的周向和轴向定位方法,轴承的类型、支承形式、间隙调整、润滑和密封方式。

(5)使装配轴系部件恢复原状,整理所用的零部件和工具,放入实验箱内规定位置,经指导教师检查后可以结束实验。

七、注意事项

(1)爱护设备,操作设备动作要轻,以免损坏设备。

(2)完成实验后,学生应将实验台和实验室打扫干净,并将桌椅物品摆放整齐。

实 验 报 告

1. 为什么轴通常要做成中间大两头小的阶梯形状？如何区分轴上的轴颈、轴头和轴身各轴段？

2. 请对轴系进行结构分析,观察与分析轴承的结构特点,简要说明轴上零件的定位与固定,滚动轴承安装、调整、润滑与密封等问题。

3. 利用给定的箱内零部件,按照一定的装配顺序,装配出所要求的一种轴系结构,画出轴系装配示意图,并简要说明装配过程及需要注意的问题。

实验八　机械传动设计与分析实验

一、实验目的

(1)通过测试常见机械传动装置(如带传动、链传动、齿轮传动、蜗杆传动等)在传递运动与动力过程中的参数曲线(如速度曲线、转矩曲线、传动比曲线、功率曲线及效率曲线等),加深对常见机械传动性能的认识和理解。

(2)通过测试由常见机械传动组成的不同传动系统的参数曲线,掌握机械传动合理布置的基本要求。

(3)通过实验认识模块化机械系统性能测试实验台的工作原理,掌握转速、转矩、效率等参数的测量方法,培养学生进行设计性实验与创新性实验的能力。

二、实验设备及工具

(1)JCF-Ⅰ机械系统创意组合及参数分析实验台、机械系统创意组合与参数分析软件。

(2)组装、拆卸工具:活动扳手、固定扳手、内六角扳手、螺丝刀、安装锤、小油壶、直尺、卷尺等。

(3)笔记本电脑(自备),要求 Windows 8 及以下操作系统。

三、实验设备与工作原理

JCF-Ⅰ机械系统创意组合及参数分析实验台(图 1.16)主要由底座(安装平台)、驱动电机、磁粉制动器、压力传感器、角位移传感器、减速器、联轴器、带、链、三角带轮、链轮库等组成。

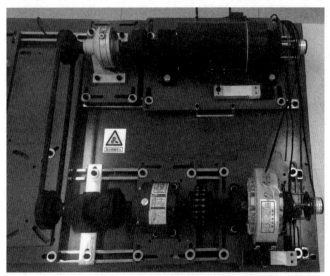

图 1.16　JCF-Ⅰ机械系统创意组合及参数分析实验台

JCF-Ⅰ机械系统创意组合及参数分析实验台技术参数见表1.8。学生在实验过程中可根据需要按一定的形式组合成不同的机械传动系统。其中,底座、驱动源、模拟负载、离合器部件、变载荷为整体结构,底座的滑槽可根据安装需要布置。减速器有蜗轮减速器、圆柱齿轮减速器等。联轴器有弹性柱销联轴器、挠性爪型联轴器、滚子链联轴器、双叉铰链联轴器、单叉铰链联轴器五种。

表1.8　JCF-Ⅰ机械系统创意组合及参数分析实验台技术参数

项目名称	技术参数
直流电机功率	600 W/220 V
调速方式及范围	无级调速,0～800 r/min
磁粉制动器负载范围	0～25 N·m,最大中心高度为150 mm
压力传感器	200 N,精度0.1%
角位移传感器	1 000 栅/r
安装平台尺寸	600 mm×1 100 mm
质量	180 kg

驱动模块结构图如图1.17所示。其中,压力传感器1、左支承座3和右支承座9均使用螺栓固定在电机底座2上,直流电机7、固定法兰6和轴承5分别通过左、右支承座固定。直流电机的壳体可绕其轴线摆动,连接轴4和接头10分别通过键与直流电机的左右轴连接,连接轴4可根据安装要求装配联轴器、链轮、带轮等,光栅角位移传感器12固定在角位移传感器座11上并与接头10连接。

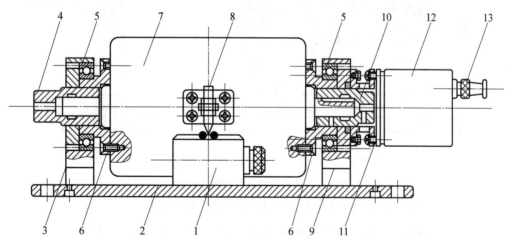

图1.17　驱动模块结构图

1—压力传感器;2—电机底座;3—左支承座;4—连接轴;5—轴承;6—固定法兰;

7—直流电机;8—测力压头;9—右支承座;10—接头;11—角位移传感器座;

12—光栅角位移传感器;13—数据传输接头

驱动模块的功能是:当直流电机 7 得电后,带动固定在与左右轴连接的轴 4 和接头 10 旋转,通过光栅角位移传感器 12 可检测出电机的实时转速。连接在电机外壳的测力压头 8 会对压力传感器 1 产生作用力,通过压力传感器 1 可检测出电驱的反作用力,该值与力臂的乘积即为反力矩,根据平衡原理即可得出电机的实时转矩。

离合器部件如图 1.18 所示,它是由离合器固定板 1、两个轴承座 2、传动轴 3、牙嵌式电磁离合器 6、皮带轮 7 等零部件通过相应的方式连接而成。在传动过程中,当电刷 5 得电后,牙嵌式电磁离合器 6 的定圈将动圈吸合,使其端面的牙嵌相互啮合,当皮带轮 7 旋转时通过牙嵌啮合或者脱开,从而带动传动轴 3 转动或静止。传动轴 3 的两端可根据传动需要装配带轮、链轮、联轴器等零部件。更换皮带的方法是:拧松固定两个轴承座 2 上的螺钉 9,放入所需的皮带再拧紧螺钉,若用手可以灵活转动传动轴 3,则表明皮带安装正确,否则需重新调整。

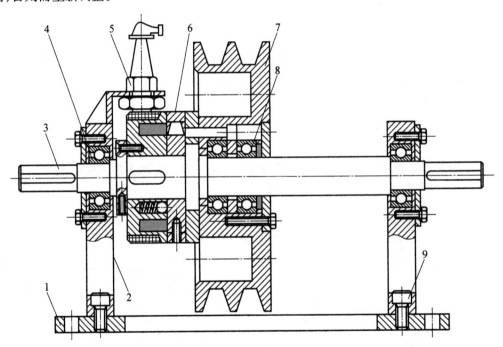

图 1.18　离合器部件

1—离合器固定板;2—轴承座;3—传动轴;4—轴承;5—电刷;

6—牙嵌式电磁离合器;7—皮带轮;8—轴承 A;9—螺钉

实验台上采用装有测力压头 5 的磁粉制动器 7 作为模拟负载,测力传感器 4 安装于安装底板 8 上。负载主轴 1 通过左、右两个轴承(2 和 6)固定在安装底板 8 上,光栅角位移传感器 3 与右端的连接孔和主轴相连。模拟负载如图 1.19 所示。

本实验台采用弹性柱销联轴器、挠性爪型联轴器、滚子链联轴器、单叉铰链联轴器、双叉铰链联轴器四类五种联轴器,结构图略。

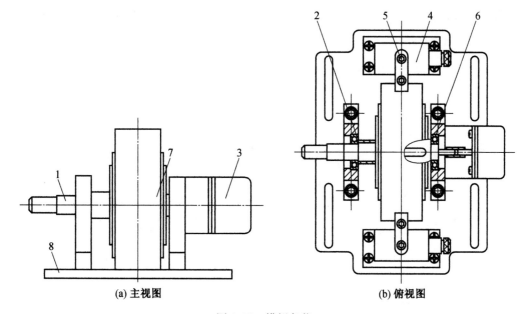

(a) 主视图　　　　　　　　　　　　　　　　　(b) 俯视图

图1.19　模拟负载

1—负载主轴;2—左端轴承;3—光栅角位移传感器;4—测力传感器;

5—测力压头;6—右端轴承;7—磁粉制动器;8—安装底板

四、实验内容

(1)设计和组装不同的机械系统;对带传动、链传动、不同减速器、不同联轴器的效率进行检测,并自动绘制效率曲线。

(2)用软件对测试结果进行处理与分析。

五、实验步骤及注意事项

(1)根据实验内容,可将本实验划分为准备阶段、测试阶段和分析阶段,实验内容阶段划分如图1.20所示。开展实验前,先仔细观察实验台,了解各传动组合的设备原理,可选择实验台上已组装好的组合传动进行搭接实验,也可以根据机械传动系统设计参考方案(表1.9)选择一种传动方式自己组装。

(2)搭接实验装置前应熟悉各主要设备性能、参数及使用方法,正确使用仪器设备及数据采集软件。

(3)认真检查组装好的实验装置,待检查无误后,用手驱动电机轴,如果装置运转灵活,便可接通电源,使用电动机驱动实验装置,否则应仔细检查并分析造成运转干涉的原因,重新调整装配,直到运转灵活。

(4)测量并保存实验数据,分析实验结果,完成实验报告。

(5)注意事项。

①坚持"安全第一"原则,注意人身安全,爱护设备,操作设备动作要轻,以免损坏设备;开机运行前要仔细检查各部分安装是否到位、连接螺栓是否拧紧;开机后,不要太靠近

运动零件;②专人负责启动开关,遇到紧急情况要立即切断电源;③实验中要服从指导教师的指挥,完成实验后,学生应将实验台和实验室打扫干净,并将桌椅物品摆放整齐。

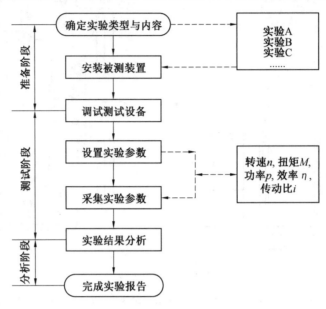

图 1.20   实验内容阶段划分

表 1.9   机械传动系统设计参考方案

序号	机械传动系统设计参考方案(传动路线)
1	驱动源→带传动→蜗轮减速器→带、链传动→负载装置
2	驱动源→带传动→圆柱齿轮减速器→带、链传动→负载装置
3	驱动源→带传动→电磁离合器操纵→圆柱齿轮减速器→联轴器(弹性柱销、挠性爪型、滚子链)→带、链传动→负载装置
4	驱动源→带传动→电磁离合器操纵→带、链传动→圆柱齿轮减速器→联轴器(弹性柱销、挠性爪型、滚子链)→负载装置
5	驱动源→带传动→电磁离合器操纵→带、链传动→蜗轮减速器→联轴器(弹性柱销、挠性爪型、滚子链)→负载装置
6	驱动源→联轴器(弹性柱销、挠性爪型、滚子链)→负载装置
7	驱动源→带传动→电磁离合器操纵→蜗轮减速器→联轴器(弹性柱销、挠性爪型、滚子链)→带、链传动→负载装置
8	驱动源→带传动→电磁离合器操纵→带、链传动→摆线针轮减速器→联轴器(弹性柱销、挠性爪型、滚子链)→负载装置
9	驱动源→联轴器(弹性柱销、挠性爪型、滚子链)→圆柱齿轮减速器→带、链传动→中间传动轴部件→联轴器(弹性柱销、挠性爪型、滚子链)→摆线针轮减速器→联轴器(弹性柱销、挠性爪型、滚子链)→负载装置

续表1.9

序号	机械传动系统设计参考方案(传动路线)
10	驱动源→带、链传动→飞轮调节→负载装置
11	驱动源→带传动→电磁离合器操纵→摆线针轮减速器→联轴器(弹性柱销、挠性爪型、滚子链)→带、链传动→负载装置
12	驱动源→单叉铰链联轴器→负载装置(摆动范围:水平方向−5°~5°)
13	驱动源(摆动范围:上下利用调整垫调整−5°~15°)→双叉铰链联轴器→负载装置(摆动范围:−5°~5°)

实 验 报 告

1. 填写下表,记录实验数据。

序号	参数					
	n_1 /(r·min^{-1})	n_2 /(r·min^{-1})	M_1 /(N·m)	M_2 /(N·m)	η/%	i
1						
2						
3						
4						
5						
6						
7						
8						
9						
10						

2. 简述实验中使用的机械传动系统采用了哪些机械结构或传动装置,并说明其工作原理。

3. 分析说明影响机械传动效率的因素,阐述提高机械传动效率的具体措施。

实验九 平面机构创新设计实验

一、实验目的

(1)加深学生对平面机构组成原理的认识;了解平面机构的组成及其运动特点。
(2)培养学生的实践动手能力、综合设计能力和创新意识。
(3)使学生了解组装机构的运动特性,提高机构运动分析能力。
(4)掌握机构运动特性的测试方法。

二、实验设备及工具

(1)PZC-Ⅰ柜式平面机构设计组合创新实验台。
(2)组装、拆卸工具:活动扳手、固定扳手、内六角扳手、螺丝刀、安装锤、小油壶、直尺、卷尺等。
(3)实验需自备笔和纸。

三、实验设备结构及实验原理

1.组合机架

组合机架是该实验台的主体,由底座和活动安装条两部分组成,如图1.21所示。

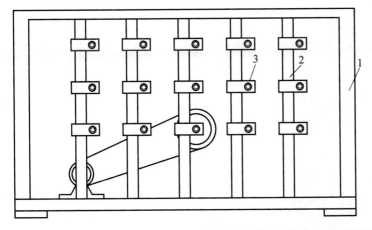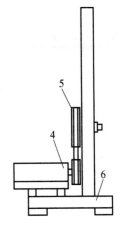

图1.21 PZC-Ⅰ柜式平面机构设计组合创新实验台
1—机架;2—立柱(活动安装条);3—滑块;4—电动机;5—皮带传动;6—实验台底座

底座部分的作用是为机架、电动机板和电动机的安装提供支承,PZC-Ⅰ实验台的底座与机架焊接组装为一整体。电机可在底座上做左、右、前、后调整移动。

活动安装条安装在底座上,每根上立柱上垂直装有两根方管立柱,立柱的底部与底座部分焊接成一整体,可将支架承受的力传递到实验台上,减少架体的受力变形。利用滑块和螺栓将五根活动安装条与机架相连,可实现左右灵活移动。在安装条上可安装若干个滑块,且滑块可随活动安装条上、下移动,进而调整至任意间距。

2. 组件清单

组件清单(表1.10)包括组成机构的各种运动副、构件、动力源。其中,直线电机的转速为 10 mm/s,配直线电机控制器,根据主动滑块移动的距离,调节两行程开关的相对位置来调节齿条或滑块往复运动距离,但调节距离不得大于 400 mm。注意:机构拼接未运动前,应先检查行程开关和装在主动滑块座上行程开关的相对位置,以保证换向运动能正确实施,防止机件损坏;旋转电机的转速为 10 r/min,沿机架上的长形孔可调整电机的安装位置。

表 1.10　PZC-Ⅰ柜式平面机构设计组合创新实验台实验组件列表

序号	名称	示意图	规格	数量	备注
1	齿轮		$M=2$; $\alpha=20°$; Z 取 28,34, 42,51	各 3 个, 共 12 个	D 取 56 mm, 68 mm,84 mm, 102 mm
2	凸轮		基圆 $R=$ 18 mm, 升回行程 20 mm	3	凸轮推回程均为 正弦加速度运动 规律
3	齿条		$M=2,\alpha=20°$	4	单根齿条全长为 400 mm
4	齿条护板			8	用于防止齿轮在 齿条上滑出
5	槽轮		4 槽	1	间隙机构的从动 件
6	拨盘		双销	1	间隙机构的主动 件
7	主动轴		L 取 15 mm, 20 mm, 35 mm, 50 mm, 65 mm	4 4 4 4 2	

续表 1.10

序号	名称	示意图	规格	数量	备注
8	复合铰链 I （或滑块）			16	
9	从动轴		L 取 5 mm, 20 mm, 35 mm, 50 mm, 65 mm	16 12 12 10 8	
10	转动副轴 （或滑块）		L 取 5 mm, 15 mm, 30 mm	6 3 3	
11	复合铰链 II （或滑块）		L 取 5 mm, 20 mm	8 8	
12	盘杆转动轴		L 取 20 mm, 35 mm, 45 mm	6 6 4	
13	复合铰链 III （或滑块）			16	
14	棘轮 及棘轮爪		棘轮 棘轮爪	1 2	
15	活动铰链座		螺孔 M8	60	支承主动或从动轴,在立柱上可上下移动

续表 1.10

序号	名称	示意图	规格	数量	备注
16	不完全齿轮		主动齿 从动齿	1 1	
17	固定转轴块			8	
18	连杆	L	L 取 50 mm, 100 mm, 150 mm, 200 mm, 250 mm, 300 mm, 350 mm	各 8 个	
19	曲柄双连杆部件		组合件	4	用于主动构件,同时提供两个曲柄的运动方案
20	压紧螺栓		M6	48	防止连杆与转动轴的轴向窜动,二者相对转动
21	带垫片螺栓		M6	48	防止连杆与转动轴的轴向窜动,二者相对固定
22	层面限位套	L	L 取 5 mm, 15 mm, 30 mm, 45 mm, 60 mm	35 40 20 20 10	
23	紧固垫片（限制轴回转）		厚 2 mm; 孔径 $\phi16$ mm 外径 $\phi22$ mm	20	

续表 1.10

序号	名称	示意图	规格	数量	备注
24	高副锁紧弹簧			4	
25	电机固定条			8	已安装在电机座下
26	行程开关安装块			2	安装在直线电机齿条轴上,固定行程开关用
27	皮带轮		大孔径 小孔径	3 3	大孔径用于旋转电机,小孔径用于主动轴
28	链轮		06B	6	
29	主动滑块座			1	与直线电机齿条轴固定,支承并固定主动滑块插件
30	主动滑块件		L 取 40 mm, 55 mm	1 1	与件 29 配合用,可组成做直线运动的主动滑块
31	直线电机座			1	已经安装,带安装螺栓
32	旋转电机座			3	已经安装,带安装螺栓
33	实验台机架			4	本机构运动方案的拼接平台

续表 1.10

序号	名称	示意图	规格	数量	备注
34	电器盒			4	已经安装在电机旁
35	手轮			4	用于代替电机,手动产生旋转
36	套筒滚子链条		06B	3	标准件
37	压紧连杆垫片		M6	28	标准件
38	压紧弹簧用的垫片		M12	8	标准件
39	立柱垫片		M8	40	标准件
40	紧定螺钉		M6×8	26	标准件
41	平垫圈螺母		M16 M14	76 76	标准件
42	内六角螺栓		M8×16	64	标准件

续表 1.10

序号	名称	示意图	规格	数量	备注
43	螺栓Ⅲ		M8×25	16	标准件
44	螺栓Ⅱ		M10×20	6	标准件
45	连杆加长螺栓、螺母		M10 L 取 15 mm, 20 mm	18 14	标准件
46	旋转电机			3	已安装在机架上
47	直线电机			1	已安装在机架上
48	行程限位开关			2	与 26 号件配套使用
49	皮带		1 000 mm	3	标准件
50	内六角螺栓		M6×12	60	标准件

3. 连接示意图

（1）转轴相对机架的连接方法如图 1.22 所示。按图连接好后,标号为 7 或 9 的转轴可相对机架做旋转运动。

（2）活动铰链座的安装方法如图 1.23 所示。

（3）转动副的连接方法如图 1.24 所示。按图示连接好后,两连杆可做相对旋转运动。

（4）移动副的连接方法如图 1.25 所示。按图示连接好后,连杆与转动副轴可做相对直线运动。

（5）齿轮与主（从）动轴的连接方法如图 1.26 所示。按图示连接好后,齿轮与转动轴可固接为活动构件。

（6）凸轮与主（从）动轴的连接方法如图 1.27 所示。按图示连接好后,凸轮与转动轴可固接为活动构件。

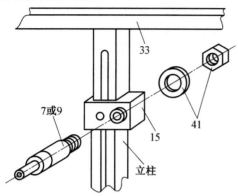
图 1.22　转轴与机架的连接图

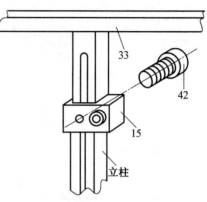
图 1.23　活动铰链座的安装图

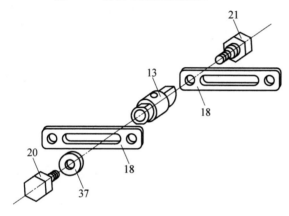
图 1.24　转动副连接图

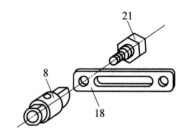
图 1.25　移动副连接图

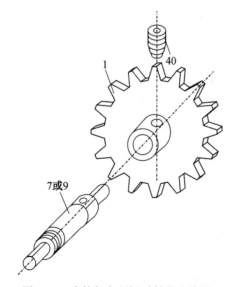
图 1.26　齿轮与主（从）动轴的连接图

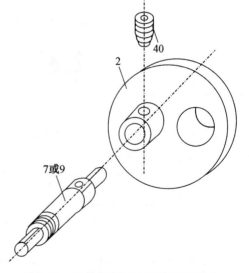
图 1.27　凸轮与主（从）动轴的连接图

（7）凸轮副的连接方法如图 1.28 所示。

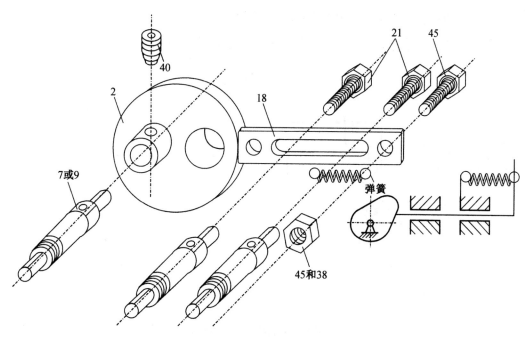

图 1.28　凸轮副的连接图

（8）滑块导向杆相对机架的连接方法如图 1.29 所示。

（9）槽轮副的连接方法如图 1.30 所示。

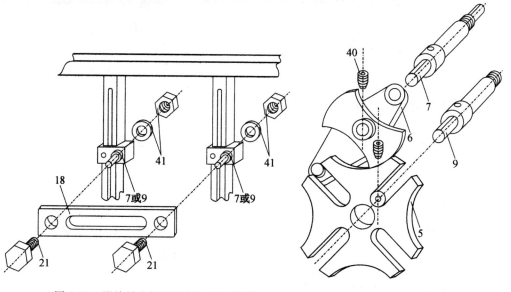

图 1.29　滑块导向杆相对机架的连接图　　　图 1.30　槽轮副连接图

（10）主动滑块与直线电机齿条轴的连接方法如图 1.31 所示。

（11）曲柄双连杆部件的使用方法如图 1.32 所示。

（12）齿轮和凸轮与主（从）动轴的并联连接方法如图 1.33 所示。

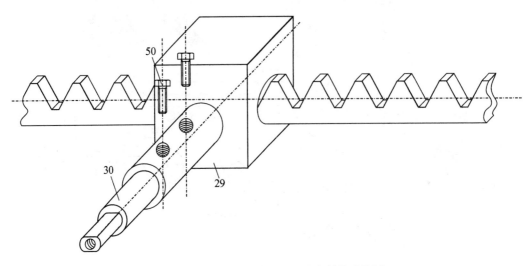

图 1.31　主动滑块与直线电机齿条轴的连接图

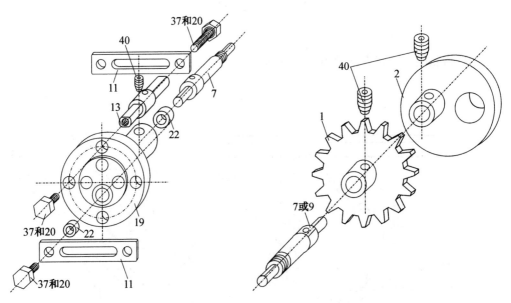

图 1.32　曲柄双连杆部件与连杆连接图　　　图 1.33　齿轮和凸轮与主（从）动轴的并联
连接图

（13）两齿轮与主（从）动轴的并联连接方法如图 1.34 所示。

（14）连杆与长螺栓的连接方法如图 1.35 所示。

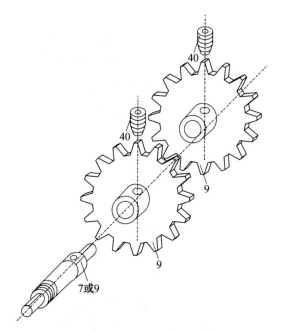

图 1.34　齿轮和凸轮与主(从)动轴的并联
　　　　连接图

图 1.35　连杆与长螺栓的连接图

(15)齿条导向板的使用方法如图 1.36 所示。

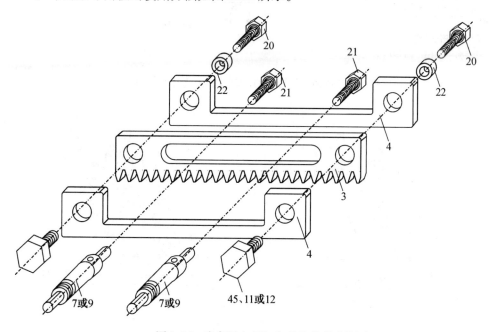

图 1.36　齿条导向板与齿条的并联连接图

(16)固定转轴块与转动轴(或滑块)的使用方法如图 1.37 所示。

(17)盘杆转动轴的使用方法如图 1.38 所示。

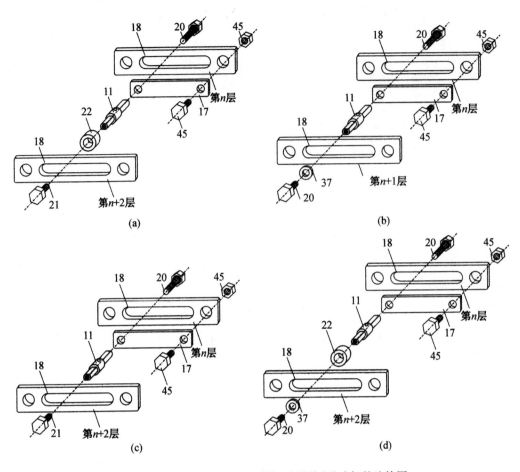

图 1.37　固定转轴块与转动轴（或滑块）及连杆的连接图

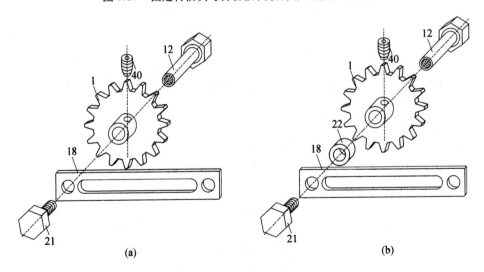

图 1.38　盘杆转动轴与齿轮、连杆的连接图

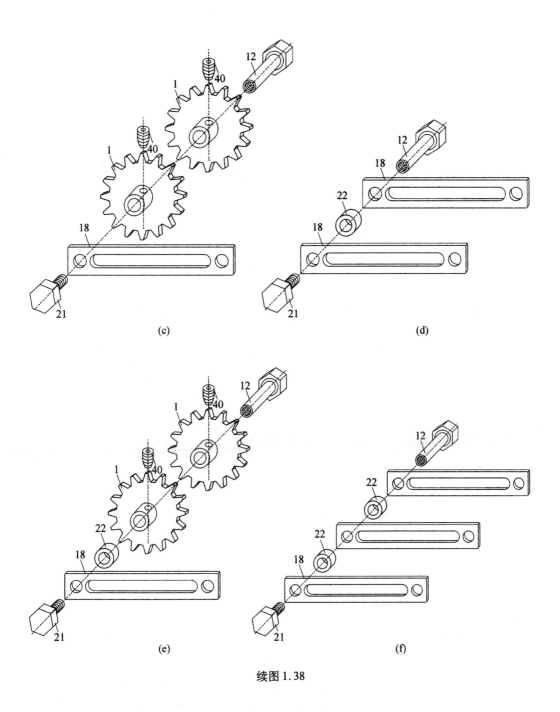

续图 1.38

（18）转动轴（或滑块）的使用方法如图 1.39 所示。

（19）齿条相对机架的使用方法如图 1.40 所示。

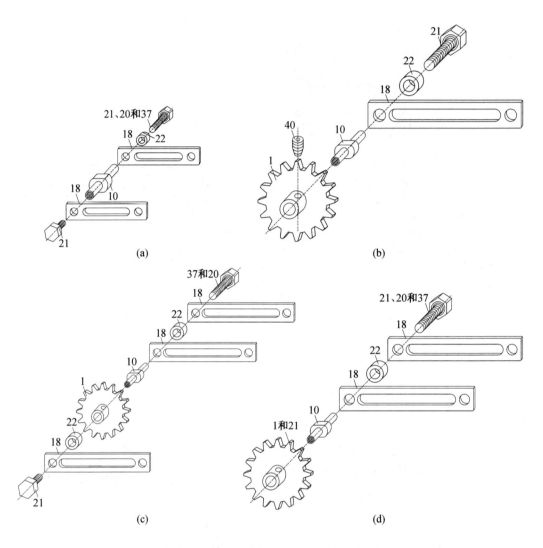

图 1.39　转动轴(或滑块)与连杆的连接图

4. 实验原理

　　根据平面机构的组成原理,任何平面机构都可以由若干个基本杆组依次连接到原动件和机架上而构成,故可通过实验规定的机构类型,选定实验的机构,并拼装该机构;在机构适当位置装上测试元器件,测出构件在任意时刻的线位移或角位移,通过对时间求导得到该构件相应的速度和加速度,完成参数测试。

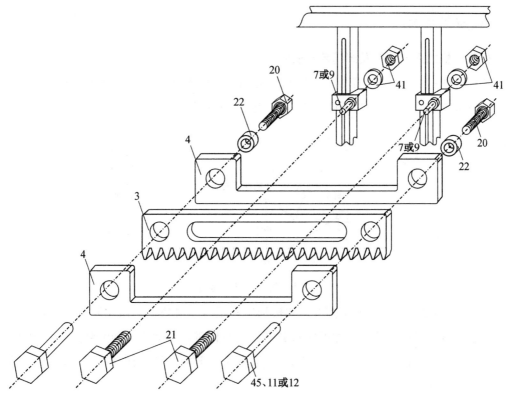

图1.40　齿条相对机架的连接图

四、实验内容与步骤

（1）预习本实验,掌握实验原理,了解实验设备的使用方法和注意事项。

（2）选择设计题目,拟定机构系统运动方案,根据机构运动简图初步拟定机构运动学尺寸(机构运动学尺寸也可由实验法求得)。

（3）根据机构运动学尺寸,选择机构创新模型中的杆组,在立柱上拼装机构。拼接时,首先要分层,一是为了使各个构件的运动在相互平行的平面内进行,二是为了避免各构件的运动发生干涉。

（4）试拼后,在机架上按层次从里到外分层拼装,依次将各杆组连接到机架上。

（5）摇动手柄,观察机构是否能够正常运转,检查各层次是否在同一平面,有无干涉现象发生。经指导教师检查后,拼装电机实现电动。

（6）绘制机构运动简图,并对机构进行拍照记录。

（7）实验结束,按步骤分层次拆除零件,将零件擦拭干净并涂抹防锈油,放回原处妥善保管。

五、应用举例

1. 蒸汽机的活塞运动及阀门启闭机构

结构说明:蒸汽机机构简图如图 1.41 所示,部件 1-2-3-8 组成曲柄滑块机构,部件 1-4-5-8 组成曲柄摇杆机构,部件 5-6-7-8 组成摇杆滑块机构。

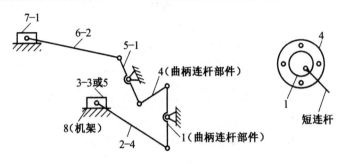

图 1.41　蒸汽机机构简图

工作特点:曲柄摇杆机构与摇杆滑块机构串联组合。滑块 3、7 做往复运动并有急回特性。适当选取机构运动学尺寸可使两滑块之间的相对运动满足协调配合的工作要求。注意:图 1.41 中,符号"-"前面的数字代表构件编号,符号"-"后面的数字表示该构件所占据的运动层面。

2. 自动车床送料机构

结构说明:自动车床送料机构简图如图 1.42 所示,自动车床送料机构是由凸轮与连杆组合而成的组合式机构。

工作特点:凸轮为主动件,能够实现较复杂的运动规律。

应用举例:自动车床送料及进刀机构。如图 1.42 所示,当凸轮转动时,推动杆 5 往复移动,通过连杆 4 与摆杆 3 及滑块 2 带动从动件 1(推料杆)做周期性往复直线运动。

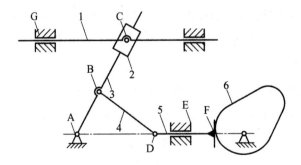

图 1.42　自动车床送料机构简图

3. 六杆机构

结构说明:六杆机构如图 1.43 所示,是由曲柄摇杆机构 1-2-3-6 与摆动导杆机构 3-4-5-6 组成。其中,曲柄 1 为主动件,摆杆 5 为从动件。

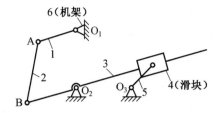

图 1.43　六杆机构

工作特点:当曲柄 1 连续转动时,通过杆 2 使摆杆 3 做一定角度的摆动,再通过导杆机构使摆杆 5 的摆角增大。

应用举例:用于缝纫机摆梭机构。

4. 双摆杆摆角放大机构

结构说明:双摆杆摆角放大机构如图 1.44 所示,主动摆杆 1 与从动摆杆 3 的中心距 a 应小于摆杆 1 的半径。

工作特点:当主动摆杆 1 摆动 α 角时,从动摆杆 3 的摆角 β 大于 α,实现摆角增大,各参数之间的关系为

$$\beta = 2\arctan \frac{\frac{r}{a}\tan\frac{\alpha}{2}}{\frac{r}{a}-\sec\frac{\alpha}{2}} \tag{1.20}$$

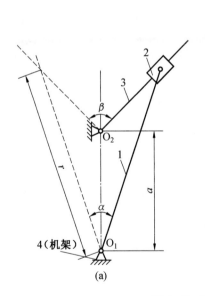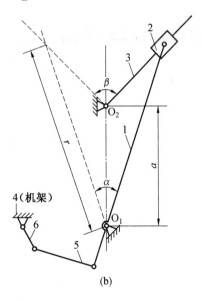

(a)　　　　　　　　　　　　　　　(b)

图 1.44　双摆杆摆角放大机构

注意:双摆杆不能用电机带动,只能用手动方式观察其运动。若要电机带动,则可按图 1.44(b)所示的方式拼接。

5.转动导杆与凸轮放大升程机构

结构说明:转动导杆与凸轮放大升程机构如图 1.45 所示,曲柄 1 为主动件,凸轮 3 和导杆 2 固连。

工作特点:当曲柄 1 从图示位置顺时针转过 90°时,导杆和凸轮一起转过 180°。该机构制造安装简单,工作性能可靠,其常用于凸轮升程较大,但升程角又受到某些因素的限制而不能过大。

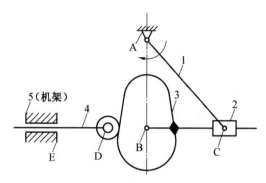

图 1.45　转动导杆与凸轮放大升程机构

6.送纸机构

结构说明及工作特点:图 1.46 为平板印刷机中用以完成送纸运动的机构。当固连在一起的双凸轮转动时,通过连杆机构使固连在连杆 3 上的吸嘴 P 沿轨迹 m—m 运动,从而实现将纸吸起和送进等动作。

注意:图 1.46 中,符号"–"前面的数字代表构件编号,符号"–"后面的数字表示该构件所占据的运动层面。

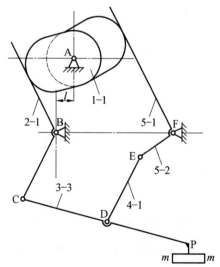

图 1.46　送纸机构

7.冲压送料机构

结构说明：冲压送料机构如图 1.47 所示，部件 1-2-3-4-5-9 组成导杆摇杆滑块冲压机构，部件 1-8-7-6-9 组成齿轮凸轮送料机构。冲压机构是在导杆机构的基础上，串联了一个摇杆滑块机构。

工作特点：导杆机构是根据给定的行程速度变化系数而设计的，它和摇杆滑块机构配合使用可使得机构的工作段趋近匀速。适当选择导路位置，可减小工作段的压力角 α。在工程设计中，可利用机构运动循环图确定凸轮工作角和从动件运动规律，进而在预定时间将工件送至待加工位置。

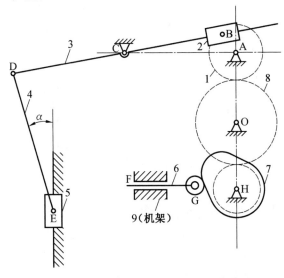

图 1.47　冲压送料机构

8.插床的插削机构

结构说明：插床的插削机构如图 1.48 所示，图中 ABC 为摆动导杆机构，在摆杆 BC 反向延长线的 D 点上加二级杆组连杆 4 和滑块 5，组成六杆机构。插刀固接在滑块 5 上，该机构可作为插床的插削机构。

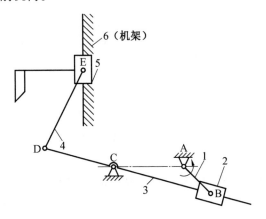

图 1.48　插床的插削机构

工作特点:主动曲柄 AB 匀速转动,滑块 5 在垂直于 AC 的导路上往复移动,具有较大急回特性。改变 ED 连杆的长度,可使滑块 5 具有不同的运动规律。

9. 插齿机主传动机构

结构说明及工作特点:图 1.49 所示为多杆机构,它既有空回行程的急回特性,又具备工作行程的等时性。

应用举例:应用于插齿机的主传机构。该机构是一个六杆机构,可使插刀在工作行程中做等速运动。

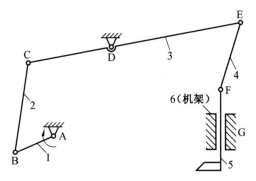

图 1.49　插齿机主传动机构

10. 刨床导杆机构

结构说明及工作特点:刨床导杆机构如图 1.50 所示,牛头刨头的动力是由电机经皮带、齿轮传动使齿轮 1 绕轴 A 回转,再经滑块 2、导杆 3、连杆 4 带动装有刨刀的滑枕 5 沿床身 6 的导轨槽做往复直线运动,从而完成刨削工作。导杆 3 为三副构件,其余为二副构件。

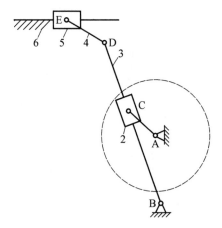

图 1.50　刨床导杆机构

11. 碎矿机机构

简易碎矿机中的四杆机构为曲柄摇杆机构,如图 1.51 所示。

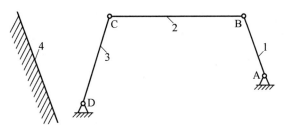

图 1.51　简易碎矿机

12. 曲柄增力机构

结构说明及工作特点：曲柄增力机构如图 1.52 所示，当 BC 杆受力为 F，CD 杆受力为 P 时，滑块产生的压力为

$$Q = \frac{FL\cos\alpha}{S} \tag{1.21}$$

由式(1.21)可知，减小 α 和 S 或增大 L，均能增大增力倍数。因此，设计时可根据需要的增力倍数决定 α、S 与 L，即决定滑块的加力位置，再根据加力位置决定 A 位置和有关的构件尺寸。

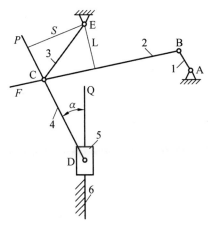

图 1.52　曲柄增力机构

13. 曲柄滑块机构与齿轮齿条机构的组合

结构说明：图 1.53 所示的机构由偏置曲柄滑块机构和齿轮齿条机构串联组合而成。其中，下齿条为固定齿条，上齿条做往复移动。

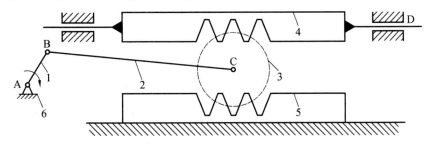

图 1.53　曲柄滑块机构与齿轮齿条机构的组合

工作特点:此组合机构最重要的特点是上齿条的行程比齿轮3的铰接中心C的行程大一倍。另外,由于齿轮中心C的轨迹相对于A偏置,所以上齿条和往复运动有急回特性。当主动件曲柄1转动时,通过连杆2推动齿轮3与上、下齿条啮合传动。下齿条5固定,上齿条4做往复移动,齿条移动行程 $H=4R$(R 为齿轮3的半径),故采用此种机构可实现行程放大。

14. 行星轮系放大行程机构

结构说明:行星轮系放大行程机构如图1.54所示,是由齿轮1、2、3和系杆(即行星架或转臂)及连杆5、滑块4、机架6组合而成。齿轮2、3为行星轮,从动杆CD与行星轮3铰接于C,机构中AC、CD的杆长为R,且 $Z_1=2Z_3$。

工作特点:行星架(或转臂)为主动件,绕A轴回转,行星轮2、3的啮合传动使杆CD随之运动,D的直线轨迹距离为4R。该机构相对于曲柄滑块机构的行程可增加两倍。

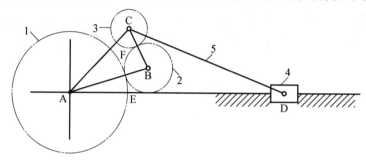

图1.54　行星轮系放大行程机构

实 验 报 告

1. 请绘制实验中拼接机构的运动方案简图(保留实验台实物照片),并在简图中标识实测所得的机构名称、尺寸及自由度。

2. 说明所拼接机构的运动传递过程和机构运动特性。

实验十　机械创新设计实验

一、实验目的

(1)进一步了解机械传动系统中的运动构件的运动特点。

(2)设计及拼装可实现不同运动要求的机械传动系统。

二、实验原理

机械传动系统的创新设计是机械设计中极其重要的一个环节,其中,了解常用传动机构,合理设计传动系统是一个认识和创新的过程。为了实现执行机构工作的需求(运动、动力),必须利用不同机构的组合系统来完成。因此对于常用机构,如杆机构,齿轮传动机构,间歇运动机构,带、链传动机构的结构及运动特点应有充分的了解,在此基础上,可以利用它们组合成需要的传动系统。

为了实现预期运动目标,在设计中,需要对机械系统中各构件的基本运动和机构的基本功能有全面的了解。

1. 构件的基本运动

常用构件的运动形式有回转运动、直线运动和曲线运动三种。回转运动和直线运动是最简单的机械运动形式。按运动有无往复性和间歇性,基本运动形式见表 1.11。

表 1.11　执行构件的基本运动形式

序号	运动形式	举例
1	单向转动	曲柄摇杆机构中的曲柄、转动导杆机构中的转动导杆、齿轮机构中的齿轮
2	往复摆动	曲柄摇杆机构中的摇杆、摆动导杆机构中的摆动导杆
3	单向移动	带传动机构或链传动机构中的输送带(链)移动
4	往复移动	曲柄滑块机构中的滑块、牛头刨床机构中的刨头
5	间歇运动	槽轮机构中的槽轮、棘轮机构中的棘轮、凸轮机构,连杆机构也可以构成间歇运动
6	实现轨迹	平面连杆机构中的连杆曲线、行星轮上任意点的轨迹等

2. 机构的基本功能

机构的功能是指机构实现运动变换和完成某种功用的能力。利用机构的功能可以组合成完成总功能的新机械。表 1.12 所示为常用机构的一些基本功能。

表 1.12　常用机构的一些基本功能

序号	基本功能		举例
1	变换运动形式	转动↔转动	双曲柄机构、齿轮机构、带传动机构、链传动机构
		转动↔摆动	曲柄摇杆机构、曲柄滑块机构、摆动导杆机构、摆动从动件凸轮机构
		转动↔移动	曲柄滑块机构、齿轮齿条机构、挠性输送机构、螺旋机构、正弦机构、移动推杆凸轮机构
		转动→单向间歇转动	槽轮机构、不完全齿轮机构、空间凸轮间歇运动机构
		摆动↔摆动	双摇杆机构
		摆动↔移动	正切机构
		移动↔移动	双滑块机构、推杆移动凸轮机构
		摆动→单向间歇转动	齿式棘轮机构、摩擦式棘轮机构
2	变换运动速度		齿轮机构(用于增速或减速)、双曲柄机构
3	变换运动方向		齿轮机构、蜗杆机构、锥齿轮机构等
4	进行运动合成(或分解)		差动轮系、各种二自由度机构
5	对运动进行操作或控制		离合器、凸轮机构、连杆机构、杠杆机构
6	实现给定的运动位置或轨迹		平面连杆机构、连杆-齿轮机构、凸轮连杆机构、联动凸轮机构
7	实现某些特殊功能		增力机构、增程机构、微动机构、急回特性机构、夹紧机构、定位机构

3. 机构的分类

为了使所选用的机构能实现某种动作或有关功能,还可以将各种机构按运动转换的种类和实现的功能进行分类。表 1.13 所示为按功能进行机构分类的情况。

表 1.13　机构的分类

序号	执行构件功能	机构形式
1	匀速转动机构(包括定传动比机构和变传动比机构)	摩擦轮机构、齿轮机构、平行四边形机构、转动导杆机构、各种有级或无级变速机构
2	非匀速转动机构	非圆齿轮机构、双曲柄四杆机构、转动导杆机构、组合机构、挠性机构
3	往复运动机构(包括往复移动和往复摆动)	曲柄-摇杆往复运动机构、双摇杆往复运动机构、滑块往复运动机构、凸轮式往复运动机构、齿轮式往复运动机构、组合机构

续表 1.13

序号	执行构件功能	机构形式
4	间歇运动机构（包括间歇转动、间歇摆动和间歇移动）	间歇转动机构（棘轮、槽轮、凸轮、不完全齿轮机构） 间歇摆动机构（一般利用连杆曲线上近似圆弧或直线段实现） 间歇移动机构（由连杆、凸轮、组合等机构实现单侧停歇、双侧停歇、步进移动）
5	差动机构	差动螺旋机构、差动棘轮机构、差动齿轮机构、差动连杆机构、差动滑轮机构
6	实现预期轨迹机构	直线机构（连杆机构、行星齿轮机构等）、特殊曲线（椭圆、抛物线、双曲线等）绘制机构、工艺轨迹机构（连杆机构、凸轮机构、凸轮连杆机构等）
7	增力及夹持机构	斜面杠杆机构、铰链杠杆机构等
8	行程可调机构	棘轮调节机构、偏心调节机构、螺旋调节机构、摇杆调节机构、可调式导杆机构

本实验拆装平台主要由直流电机、传动部分（带传动、链传动等）、定轴轮系搭接元件、周转轮系搭接元件、平面连杆机构搭接元件、活动支座及安装平台等组成。可拼装实现不同运动要求的复杂机械传动系统，如图 1.55 所示。

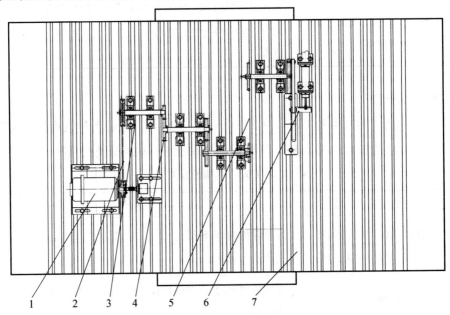

图 1.55　机械创新设计与搭接实验台总体结构

1—直流电机；2—带传动；3—活动支座；4—齿轮机构；5—链传动；6—平面连杆机构；7—安装平台

三、实验内容与步骤

（1）认识实验台提供的各种传动机构的结构及传动特点。

（2）自拟机构传动方案或选择指导书中提供的机构传动方案组成机械传动系统。

（3）将机械传动系统正确拆分，记录系统中执行构件的名称、运动形式和功能，以及机械系统包含的机构名称和基本功能。

（4）正确拼装系统。

（5）用手拨动机构进行试运行，以确保系统正常工作。

（6）通电运行机械系统，观察其运行状态，找出装配不合理的地方进行分析、调整。

（7）对完成的机械系统进行评估（功能目标、结构优劣、运动特征等）。

（8）实验完毕后，关闭电源，保留实物照片。

四、注意事项

（1）开机前一定要仔细检查连接部分。

（2）开机前手动转动机构，检查系统是否能够正常工作。

（3）机构在旋转过程中，不许用手触摸旋转部位。

（4）运行时间不宜太长，隔一段时间应停下来检查机构连接是否松动。

（5）实验时必须注意安全。女生必须戴帽，将长发盘于帽中。操作者必须紧扣衣袖扣。

五、典型搭接方案

1. 带传动

（1）搭接方案（图1.56）。

电动机—主动带轮（角位移传感器-1）—带—从动带轮（角位移传感器-2）。

（2）搭接说明。

由图1.56可知，电动机5通过螺栓固定在支座4上，然后通过螺栓3固定在带T型槽的实验平台1上；小带轮13安装在电动机5的主轴上，而大带轮17安装在输出轴19上，通过皮带15组成带传动；小带轮13和大带轮17的轴上分别连接了角位移传感器，用于测量小带轮13和大带轮17的运动。

（3）实验内容及目的。

①带传动搭接实验。通过对带传动的安装调试，掌握带传动张紧力的调节方法，了解张紧力对带传动的影响。

②带传动弹性滑动和打滑的观测实验。用橡胶块制动从动带轮，观察带传动由弹性滑动演变为打滑的现象，深刻理解弹性滑动和打滑物理现象。

③带传动运动测试分析。通过面板读出或计算机采集主动带轮和从动带轮的角速度，并连续自动绘制带轮转速和传动比的实时曲线与带传动滑差率曲线。

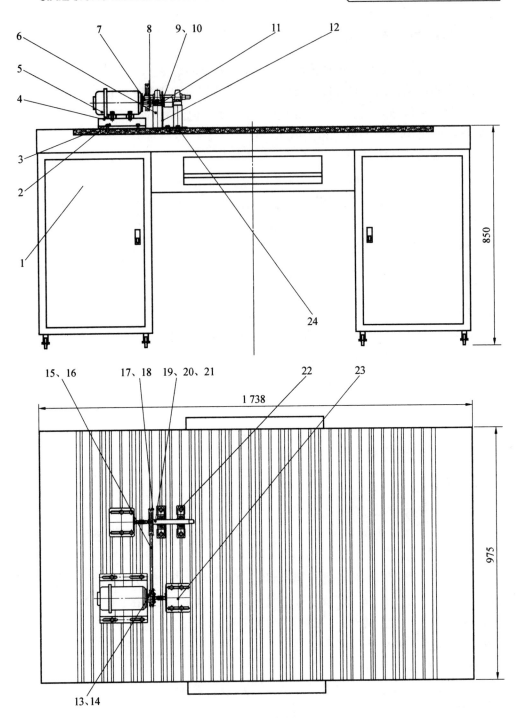

图 1.56　带传动(单位:mm)

2. 链传动

(1)搭接方案(图 1.57)。

电动机—主动链轮(角位移传感器-1)—链条—从动链轮(角位移传感器-2)。

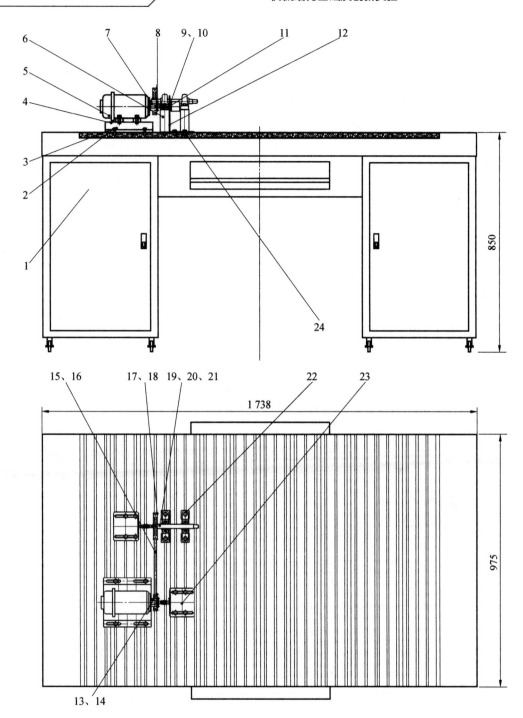

图 1.57 链传动(单位:mm)

(2)搭接说明。

由图 1.57 可知,电动机 5 通过螺栓固定在支座 4 上,然后通过螺栓 3 固定在带 T 型槽的实验平台 1 上;小链轮 14 安装在电动机 5 的主轴上,而大链轮 18 安装在输出轴 19

上,通过链条 16 组成链传动;小链轮 14 和大链轮 17 的轴上分别连接了角位移传感器,用于测量小链轮 14 和大链轮 17 的运动。

(3)实验内容及目的。

①链传动搭接实验。通过对链传动的安装调试,掌握链传动张紧力的调节方法。

②链传动运动测试分析。通过面板读出或计算机采集主动链轮和从动链轮的角速度,并连续自动绘制链轮转速和传动比的实时变化曲线,理解链传动多边形效应对链传动运动的影响。

3. 齿轮传动

(1)搭接方案(图 1.58)。

电动机—带转动—主动齿轮(角位移传感器-1)—从动齿轮(角位移传感器-2)。

(2)搭接说明。

由图 1.58 可知,电动机 6 通过螺栓固定在支座 5 上,然后通过螺栓 3 固定在带 T 型槽的实验平台 1 上;小带轮 14 安装在电动机 6 的主轴上,而大带轮 16 安装在轴 19 上,通过皮带 15 组成带传动;在大带轮 16 的主轴 19 上安装主动齿轮 21,而从动齿轮 22 安装在输出轴 23 上,组成齿轮传动;主动齿轮 21 和从动齿轮 22 的轴上分别连接了角位移传感器,用于测量主动齿轮 21 和从动齿轮 22 的运动。

(3)实验内容及目的。

①齿轮传动搭接实验。通过对齿轮传动的安装调试,掌握齿轮传动标准中心距的调节方法及中心距变动对齿轮啮合侧隙的影响。

②齿轮传动运动测试分析。通过面板读出或计算机采集主动齿轮和从动链齿轮的角速度,并连续自动绘制齿轮转速和传动比的实时变化曲线,理解齿轮传动与链传动的区别,它传动平稳,传动比为常数。

4. 多轴齿轮传动 I

(1)搭接方案(图 1.59)。

电动机—带转动— 一级齿轮(角位移传感器-1)—二级齿轮(角位移传感器-2)。

(2)搭接说明。

由图 1.59 可知,电动机 6 通过螺栓固定在支座 5 上,然后通过螺栓 3 固定在带 T 型槽的实验平台 1 上;小带轮 14 安装在电动机 6 的主轴上,而大带轮 16 安装在轴 19 上,通过皮带 16 组成带传动;齿轮 21 安装在轴 19 的另一端上,而齿轮 22 安装在轴 23 上,组成一级齿轮传动;齿轮 24 安装在轴 23 的另一端上,而齿轮 25 安装在轴 26 上,形成二级齿轮传动;主动齿轮 21 的轴 19 上连接了角位移传感器 15,而从动齿轮 25 的轴 26 上连接了角位移传感器 27,分别用于测量主动齿轮 21 和从动齿轮 25 的运动。

(3)实验内容及目的。

①多轴齿轮传动搭接实验。通过对二级齿轮传动的安装调试,掌握二级齿轮传动标准中心距的调节方法、中心距变动对齿轮啮合侧隙的影响。

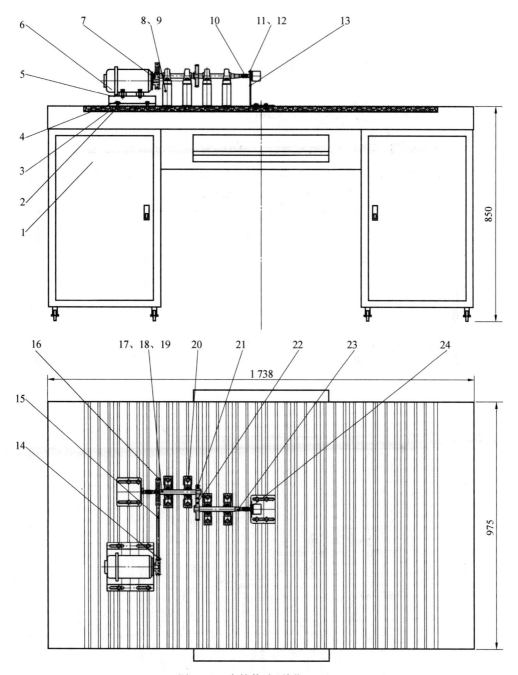

图 1.58　齿轮传动(单位:mm)

②齿轮传动运动测试分析。通过面板读出或计算机采集主动齿轮和从动齿轮的角速度,并连续自动绘制齿轮转速和传动比的实时变化曲线,理解齿轮传动与链传动的区别,它传动平稳,传动比为常数。

③如果将角位移传感器 15 连接到小带轮 14 的主轴上(即电动机 6 的主轴上),可做带-二级齿轮传动运动测试分析实验,了解带传动对后续二级齿轮传动的影响。

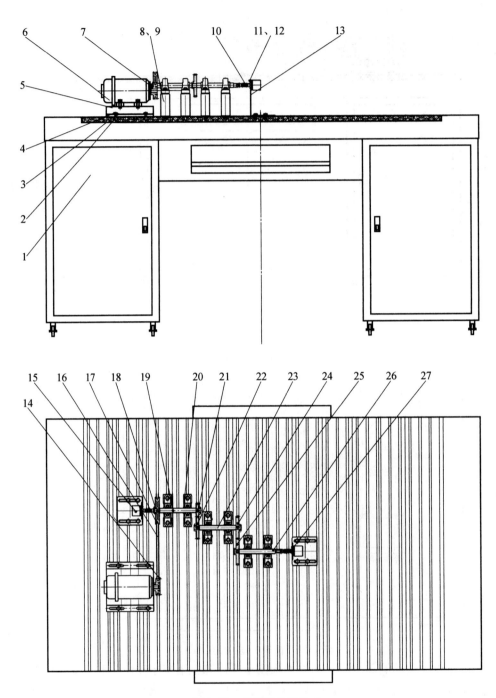

图 1.59　多级齿轮传动 I

5. 多轴齿轮传动Ⅱ

(1)搭接方案(图1.60)。

电动机—带转动——级齿轮(角位移传感器-1)—二级齿轮-圆锥齿轮传动(从动锥齿轮-角位移传感器-2)。

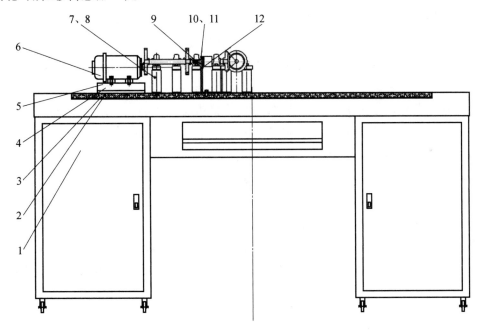

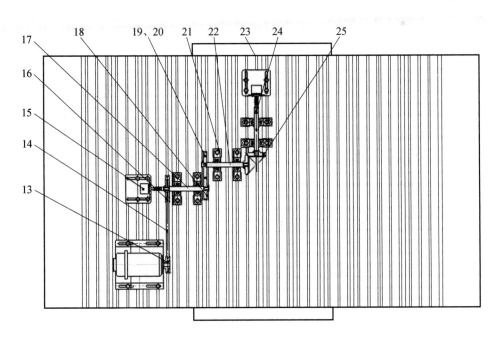

图1.60　多级齿轮传动Ⅱ

（2）搭接说明。

由图 1.60 可知,电动机 6 通过螺栓固定在支座 5 上,然后通过螺栓 3 固定在带 T 型槽的实验平台 1 上;小带轮 13 安装在电动机 6 的主轴上,而大带轮 16 安装在轴 17 上,通过皮带 14 组成带传动;齿轮 18 安装在轴 17 的另一端上,而齿轮 19 安装在轴 21 上,组成齿轮传动;圆锥齿轮 22 安装在轴 21 的另一端上,而圆锥齿轮 25 安装在轴 24 上,形成圆锥齿轮传动;主动齿轮 18 的轴 17 上连接了角位移传感器 15,而从动圆锥齿轮 25 的轴 24 上连接了角位移传感器 23,分别用于测量主动齿轮 18 和从动圆锥齿轮 25 的运动。

（3）实验内容及目的。

①多轴齿轮传动搭接实验。通过对齿轮-圆锥齿轮传动的安装调试,掌握齿轮传动标准中心距的调节方法、中心距变动对齿轮啮合侧隙的影响;掌握圆锥齿轮传动锥顶重合度的调节方法、锥顶重合度对圆锥齿轮啮合侧隙的影响。

②齿轮-圆锥齿轮传动运动测试分析。通过面板读出或计算机采集主动齿轮和从动圆锥齿轮的角速度,并连续自动绘制齿轮转速和传动比的实时变化曲线,理解齿轮-圆锥齿轮传动与链传动的区别,它传动平稳,传动比为常数。

③如果将角位移传感器 15 连接到小带轮 13 的主轴上(即电动机 6 的主轴上),可做带-齿轮-圆锥齿轮传动运动测试分析实验,了解带传动对后续齿轮-圆锥齿轮传动的影响。

6.行星轮系

（1）搭接方案(图 1.61)。

电动机—带传动(从动带轮-角位移传感器)—太阳轮-行星轮-系杆(角位移传感器)。

（2）搭接说明。

由图 1.61 可知,电动机 6 通过螺栓固定在支座 5 上,然后通过螺栓 3 固定在带 T 型槽的实验平台 1 上;小带轮 15 安装在电动机 6 的主轴上,而大带轮 18 安装在轴 19 上,通过皮链 17 组成带传动;行星轮系的主动太阳轮安装在轴 19 的另一端上,而从动系杆安装在输出轴 21 上,组成行星齿轮传动;主动太阳轮的轴 19 上连接了角位移传感器 16,而从动系杆的轴 21 上连接了角位移传感器 22,分别用于测量主动太阳轮和从动系杆的运动。

（3）实验内容及目的。

①行星齿轮传动搭接实验。通过对行星齿轮传动的安装调试,掌握行星轮系中各太阳轮和系杆轴线同轴度的调节方法、同轴度变动对行星轮系传动的影响。

②行星齿轮传动运动测试分析。通过面板读出或计算机采集主动太阳轮和从动系杆的角速度,并连续自动绘制行星轮系转速和传动比的实时变化曲线,理解行星轮系传动与齿轮传动的区别,它传动平稳,承载能力大。

③如果将角位移传感器 16 连接到小带轮 15 的主轴上(即电动机 6 的主轴上),可做带-行星齿轮传动运动测试分析实验,了解带传动对后续行星齿轮传动的影响。

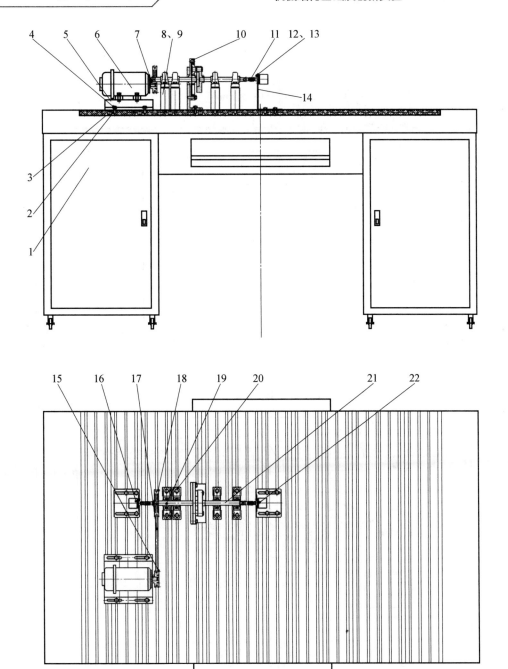

图 1.61　行星轮系

7. 复合轮系 I

(1)搭接方案(图 1.62)。

电动机—带传动—齿轮传动(主动齿轮-角位移传感器)—行星轮系(系杆-H 角位移传感器)。

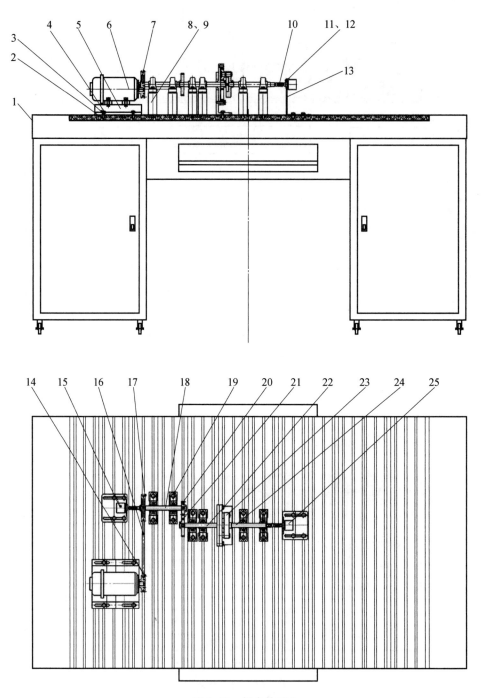

图 1.62　复合轮系 I

（2）搭接说明。

由图 1.62 可知,电动机 6 通过螺栓固定在支座 5 上,然后通过螺栓 3 固定在带 T 型槽的实验平台 1 上;小带轮 14 安装在电动机 6 的主轴上,而大带轮 17 安装在轴 18 上,通过皮带 16 组成带传动;在大带轮 17 的主轴 19 上安装主动齿轮 20,而齿轮 21 安装在输出轴 22 上,组成齿轮传动;行星轮系 23 的太阳轮安装在轴 22 的另一端上,而从动系杆安装在输出轴 24 上,组成行星齿轮传动;主动齿轮的轴 19 上连接了角位移传感器 15,而从系杆的轴 24 上连接了角位移传感器 25,分别用于测量主动齿轮 20 和行星轮系 23 的从动系杆的运动。

(3)实验内容及目的。

①齿轮-行星轮系传动搭接实验。通过对齿轮-行星轮系传动的安装调试,掌握行星轮系中各太阳轮和系杆轴线同轴度的调节方法、同轴度变动对行星轮系传动的影响。

②齿轮-行星轮系传动运动测试分析。通过面板读出或计算机采集主动齿轮 20 和从动系杆的角速度,并连续自动绘制行星轮系转速和传动比的实时变化曲线,理解行星轮系传动与齿轮传动的区别,它传动平稳,承载能力大。

③如果将角位移传感器 16 连接到小带轮 15 的主轴上(即电动机 6 的主轴上),可做带-齿轮-行星轮系传动运动测试分析实验,了解带传动对后续齿轮-行星轮系传动的影响。

8. 复合轮系 Ⅱ

(1)搭接方案(图 1.63)。

电动机—二级齿轮传动(一级主动齿轮-角位移传感器)—行星轮系(系杆-H 角位移传感器)。

(2)搭接说明。

由图 1.63 可知,电动机 6 通过螺栓固定在支座 5 上,然后通过螺栓 3 固定在带 T 型槽的实验平台 1 上;小带轮 14 安装在电动机 6 的主轴上,而大带轮 17 安装在轴 18 上,通过皮带 16 组成带传动;在大带轮 17 的主轴 19 上安装主动齿轮 20,而齿轮 21 安装在轴 22 上,组成一级齿轮传动;齿轮 23 安装在轴 22 的另一端上,而齿轮 24 安装在轴 25 上,组成二级齿轮传动;行星轮系 26 的太阳轮安装在轴 25 的另一端上,而从动系杆安装在输出轴 27 上,组成行星齿轮传动;主动齿轮 20 的轴 19 上连接了角位移传感器 16,而行星轮系 26 的从动系杆的轴 27 上连接了角位移传感器 28,分别用于测量主动齿轮 20 和行星轮系 23 的从动系杆的运动。

(3)实验内容及目的。

①二级齿轮-行星轮系传动搭接实验。通过对齿轮-行星轮系传动的安装调试,掌握行星轮系中各太阳轮和系杆轴线同轴度的调节方法、同轴度变动对行星轮系传动的影响。

②二级齿轮-行星轮系传动运动测试分析。通过面板读出或计算机采集主动齿轮 20 和从动系杆的角速度,并连续自动绘制行星轮系转速和传动比的实时变化曲线,理解行星轮系传动与齿轮传动的区别,它传动平稳,承载能力大。

③如果将角位移传感器 16 连接到小带轮 15 的主轴上(即电动机 6 的主轴上),可做带-二级齿轮-行星轮系传动运动测试分析实验,了解带传动对后续二级齿轮-行星轮系传动的影响。

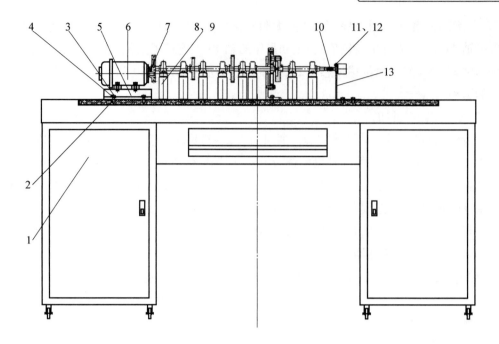

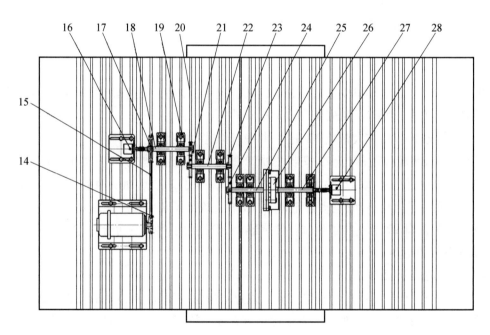

图 1.63　复合轮系 II

9. 复合轮系 III

（1）搭接方案（图 1.64）。

电动机—带传动（从动带轮-角位移传感器）—圆锥齿轮-行星轮系（系杆-H 角位移传感器）。

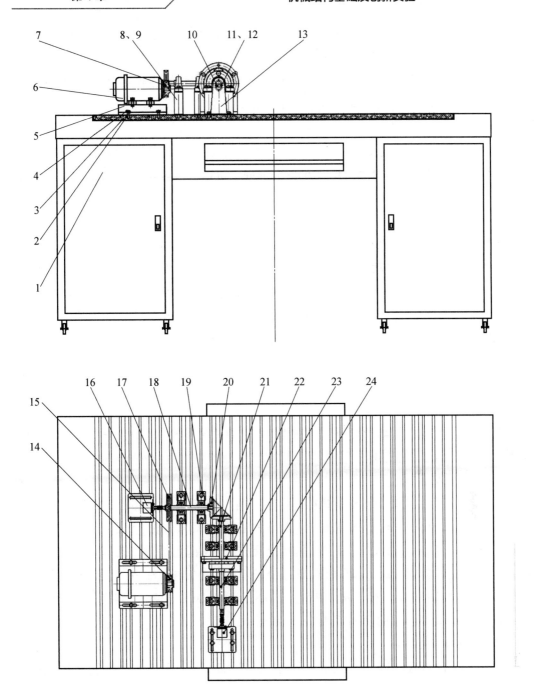

图 1.64　复合轮系Ⅲ

(2)搭接说明。

由图 1.64 可知,电动机 11 通过螺栓固定在支座 5 上,然后通过螺栓 3 固定在带 T 型槽的实验平台 1 上;小带轮 14 安装在电动机 6 的主轴上,而大带轮 17 安装在轴 18 上,通过皮带 16 组成带传动;在大带轮 17 的主轴 19 上安装主动圆锥齿轮 20,而从动圆锥齿轮安装在输出轴 21 上,组成圆锥齿轮传动;行星轮系 22 的太阳轮安装在轴 21 的另一端上,而行星轮系 22 的从动系杆安装在输出轴 23 上,组成行星齿轮传动;主动齿轮的轴 19 上连接了角位移传感器 16,而从动系杆的轴 23 上连接了角位移传感器 24,分别用于测量主动圆锥齿轮 20 和行星轮系 22 的从动系杆的运动。

(3)实验内容及目的。

①圆锥齿轮-行星轮系传动搭接实验。通过对圆锥齿轮-行星轮系传动的安装调试,掌握圆锥齿轮传动锥顶重合度的调节方法、锥顶重合度对圆锥齿轮啮合侧隙的影响;掌握行星轮系 22 中各太阳轮和系杆轴线同轴度的调节方法、同轴度变动对行星轮系传动的影响。

②圆锥齿轮-行星轮系传动运动测试分析。通过面板读出或计算机采集主动圆锥齿轮 20 和行星轮系 22 的从动系杆的角速度,并连续自动绘制行星轮系转速和传动比的实时变化曲线,理解行星轮系传动与圆锥齿轮传动的区别,它传动平稳,承载能力大。

③如果将角位移传感器 16 连接到小带轮 15 的主轴上(即电动机 6 的主轴上),可做带-圆锥齿轮-行星轮系传动运动测试分析实验,了解带传动对后续圆锥齿轮-行星轮系传动的影响。

10.曲柄摇杆机构

(1)搭接方案(图 1.65)。

电动机—带传动(从动带轮-角位移传感器)—曲柄摇杆机构(摇杆轴-摆动角位移传感器)。

(2)搭接说明。

由图 1.65 可知,电动机 6 通过螺栓固定在支座 5 上,然后通过螺栓 3 固定在带 T 型槽的实验平台 1 上;小带轮 15 安装在电动机 6 的主轴上,而大带轮 17 安装在轴 19 上,通过皮链 18 组成带传动;在大带轮 17 的主轴 19 上安装曲柄 21,通过铰链 22 与连杆 24 相连,而连杆通过铰链 25 与摇杆 26 相连,最后摇杆 27 安装在输出轴 28 上,组成曲柄摇杆机构;曲柄 21 的轴 19 上连接了角位移传感器 16,而摇杆 26 的轴 28 上连接了摆动角位移传感器 13,分别用于测量曲柄 21 和摇杆 26 的运动。

(3)实验内容及目的。

①曲柄摇杆机构搭接实验。通过对曲柄摇杆机构的安装调试,掌握按层面连接曲柄摇杆机构的方法、层面错位对曲柄摇杆机构运动的影响。

②曲柄摇杆机构运动测试分析。通过面板读出或计算机采集曲柄 21 和摇杆 26 的角速度,并连续自动绘制曲柄摇杆机构转速和传动比的实时变化曲线,理解曲柄摇杆机构与齿轮传动的区别,它转速和传动比变化大。

③如果将角位移传感器 16 连接到小带轮 15 的主轴上(即电动机 6 的主轴上),可做带-曲柄摇杆机构运动测试分析实验,了解带传动对后续曲柄摇杆机构运动的影响。

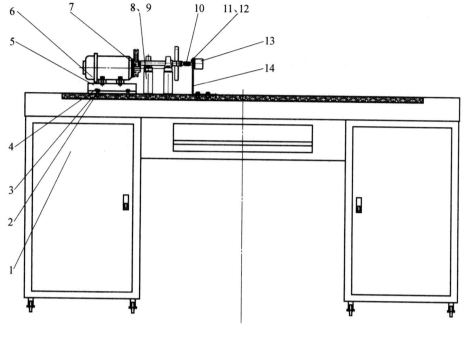

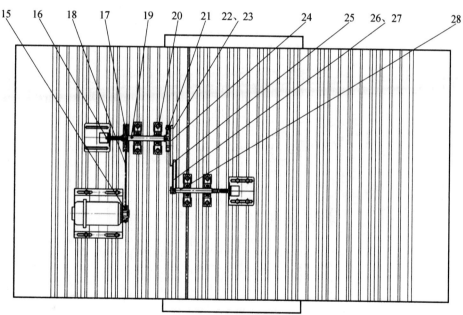

图 1.65　曲柄摇杆机构

11.曲柄滑块机构

（1）搭接方案（图 1.66）。

电动机—带传动（从动带轮-角位移传感器）—曲柄滑块机构（滑块-直线位移传感器）。

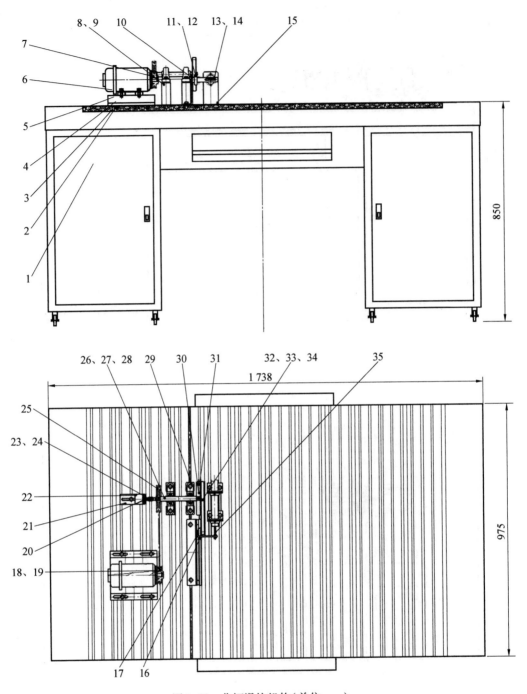

图 1.66　曲柄滑块机构(单位:mm)

(2)搭接说明。

由图 1.66 可知,电动机 6 通过螺栓固定在支座 5 上,然后通过螺栓 3 固定在带 T 型槽的实验平台 1 上;小带轮 18 安装在电动机 6 的主轴上,而大带轮 25 安装在轴 28 上,通过皮链 19 组成带传动;在大带轮 18 的主轴 28 上安装曲柄 30,通过铰链 31 与连杆 32 相连,而连杆通过铰链 33 与滑块 17 相连,组成曲柄滑块机构;曲柄 30 的轴 28 上连接了角位移传感器 21,而滑块 17 通过连接板 16 与直线位移传感器 35 连接,分别用于测量曲柄 30 和滑块 17 的运动。

（3）实验内容及目的。

①曲柄滑块机构搭接实验。通过对曲柄滑块机构的安装调试,掌握按层面连接曲柄滑块机构的方法、层面错位对曲柄滑块机构运动的影响。

②曲柄滑块机构运动测试分析。通过面板读出或计算机采集曲柄 30 的角速度和滑块 17 的速度,并连续自动绘制曲柄滑块机构转速和速度的实时变化曲线,理解曲柄滑块机构与齿轮传动的区别,它转速和速度变化大。

③如果将角位移传感器 21 连接到小带轮 18 的主轴上（即电动机 6 的主轴上）,可做带-曲柄滑块机构运动测试分析实验,了解带传动对后续曲柄滑块机构运动的影响。

12. 齿轮-曲柄滑块机构

（1）搭接方案（图 1.67）。

电动机—带传动—二级齿轮传动（主动齿轮-角位移传感器）—曲柄滑块机构（滑块-直线位移传感器）。

（2）搭接说明。

由图 1.67 可知,电动机 6 通过螺栓固定在支座 5 上,然后通过螺栓 3 固定在带 T 型槽的实验平台 1 上;小带轮 16 安装在电动机 6 的主轴上,而大带轮 23 安装在轴 25 上,通过皮链 18 组成带传动;在大带轮 23 的主轴 25 上安装齿轮 27,而齿轮 26 安装在轴 28 上,组成一级齿轮传动;齿轮 29 安装在轴 28 的另一端上,而齿轮 30 安装在轴 31 上,组成二级齿轮传动;在轴 31 的另一端安装曲柄 32,通过铰链 33 与连杆 36 相连,而连杆通过铰链 11 与滑块 10 相连,组成曲柄滑块机构;齿轮 27 的轴 25 上连接了角位移传感器 21,而滑块 10 通过连接板 12 与直线位移传感器 13 连接,分别用于测量齿轮 27 和滑块 10 的运动。

（3）实验内容及目的。

①齿轮-曲柄滑块机构搭接实验。通过对二级齿轮传动的安装调试,掌握二级齿轮传动标准中心距的调节方法、中心距变动对齿轮啮合侧隙的影响;通过对曲柄滑块机构的安装调试,掌握按层面连接齿轮-曲柄滑块机构的方法、层面错位对齿轮-曲柄滑块机构运动的影响。

②齿轮-曲柄滑块机构运动测试分析。通过面板读出或计算机采集齿轮 27 的角速度和滑块 10 的速度,并连续自动绘制曲柄滑块机构转速和速度的实时变化曲线,理解曲柄滑块机构与齿轮传动的区别,它转速和速度变化大。

③如果将角位移传感器 21 连接到小带轮 16 的主轴上（即电动机 6 的主轴上）,可做带-齿轮-曲柄滑块机构运动测试分析实验,了解带传动对后续齿轮-曲柄滑块机构运动的影响。

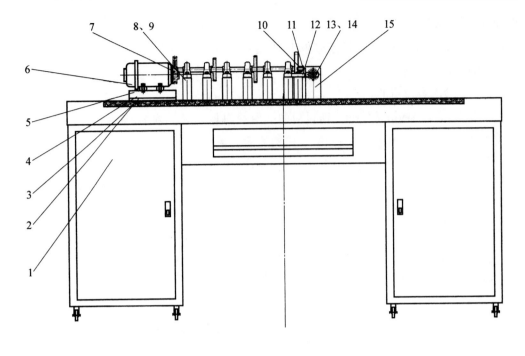

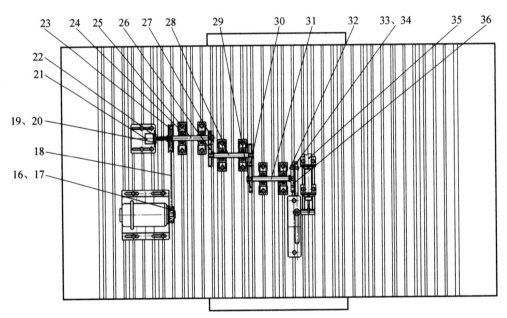

图 1.67　齿轮-曲柄滑块机构

13. 齿轮-曲柄摇杆机构

(1)搭接方案(图 1.68)。

电动机—带传动—齿轮机构(主动齿轮-角位移传感器)—圆锥齿轮-曲柄摇杆机构(摇杆-摆动角位移传感器)。

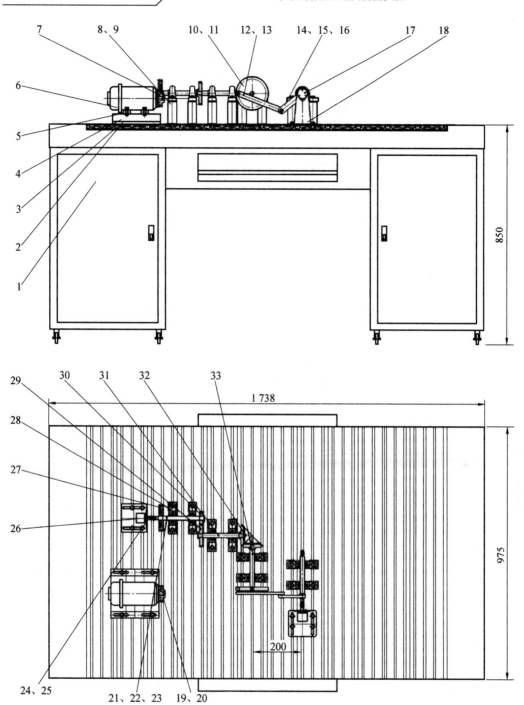

图 1.68 　齿轮-曲柄摇杆机构(单位:mm)

(2)搭接说明。

由图 1.68 可知,电动机 6 通过螺栓固定在支座 5 上,然后通过螺栓 3 固定在带 T 型槽的实验平台 1 上;小带轮 19 安装在电动机 6 的主轴上,而大带轮 27 安装在轴 23 上,通过皮链 20 组成带传动;在大带轮 27 的主轴 23 上安装齿轮 30,而齿轮 29 安装在轴 31 上,组成齿轮传动;圆锥齿轮 29 安装在轴 31 的另一端上,而圆锥齿轮 32 安装在轴 33 上,组成圆锥齿轮传动;在轴 33 的另一端安装曲柄 10,通过铰链 11 与连杆 12 相连,而连杆通过铰链 13 与摇杆 14 相连,最后摇杆 14 安装在输出轴 16 上,组成曲柄摇杆机构;齿轮 29 的轴 23 上连接了角位移传感器 26,而摇杆 14 的轴 16 上连接了摆动角位移传感器 17,分别用于测量齿轮 29 和摇杆 14 的运动。

（3）实验内容及目的。

①齿轮-曲柄摇杆机构搭接实验。通过对齿轮-圆锥齿轮传动的安装调试,掌握齿轮传动标准中心距的调节方法、中心距变动对齿轮啮合侧隙的影响;掌握圆锥齿轮传动锥顶重合度的调节方法、锥顶重合度对圆锥齿轮啮合侧隙的影响;通过对曲柄摇杆机构的安装调试,掌握按层面连接齿轮-曲柄摇杆机构的方法、层面错位对齿轮-曲柄摇杆机构运动的影响。

②齿轮-曲柄摇杆机构运动测试分析。通过面板读出或计算机采集齿轮 29 的角速度和摇杆 14 的速度,并连续自动绘制曲柄摇杆机构转速和速度的实时变化曲线,理解齿轮-曲柄摇杆机构与齿轮传动的区别,它转速和速度变化大。

③如果将角位移传感器 26 连接到小带轮 19 的主轴上（即电动机 6 的主轴上）,可做带-齿轮-曲柄摇杆机构运动测试分析实验,了解带传动对后续齿轮-曲柄摇杆机构运动的影响。

14. 复杂机械系统 I

（1）搭接方案（图 1.69）。

电动机构—带传动（主动带轮-角位移传感器）—二级齿轮传动—链传动（从动链轮-角位移传感器）。

（2）搭接说明。

由图 1.69 可知,电动机 6 通过螺栓固定在支座 5 上,然后通过螺栓 3 固定在带 T 型槽的实验平台 1 上;小带轮 23 安装在电动机 6 的主轴上,而大带轮 25 安装在轴 26 上,通过皮带 24 组成带传动;齿轮 28 安装在轴 26 的另一端上,而齿轮 29 安装在轴 30 上,组成一级齿轮传动;齿轮 31 安装在轴 29 的另一端上,而齿轮 32 安装在轴 33 上,形成二级齿轮传动;在轴 33 的另一端上安装小链轮 21,而大链轮 19 安装在输出轴 18 上,通过链条 20 组成链传动;小带轮 23 的轴上连接了角位移传感器 22,而大链轮 19 的轴 18 上连接了角位移传感器 13,分别用于测量小带轮 23 和大链轮 19 的运动。

（3）实验内容及目的。

①带-齿轮-链传动搭接实验。通过对带-齿轮-链传动的安装调试,掌握带传动张紧力的调节方法,了解张紧力对带传动的影响;掌握二级齿轮传动标准中心距的调节方法、中心距变动对齿轮啮合侧隙的影响;掌握链传动张紧力的调节方法。

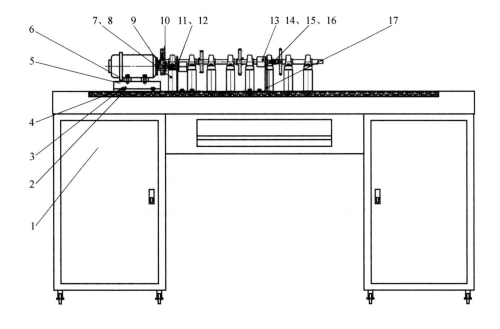

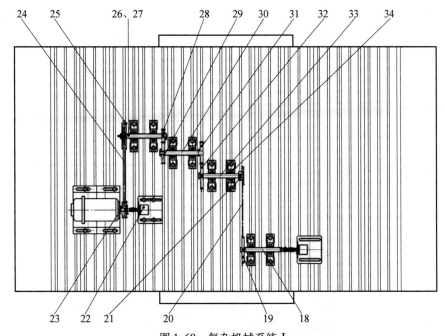

图 1.69 复杂机械系统 I

②带-齿轮-链传动运动测试分析。通过面板读出或计算机采集主动带轮 23 和从动链轮 19 的角速度,并连续自动绘制系统转速和传动比的实时变化曲线,理解复杂机械系统的运转与单一带传动、齿轮传动或链传动的区别,它是各种传动综合。

③如果将角位移传感器 22 连接到齿轮 28 的主轴 26 上,可做齿轮-链传动传动运动测试分析实验,比较齿轮-链传动传动与带-齿轮-链传动的不同。

15.复杂机械系统Ⅱ

（1）搭接方案（图1.70）。

电动机—带传动（主动带轮-角位移传感器）—二级齿轮传动—圆锥齿轮机构—链传动（从动链轮-角位移传感器）。

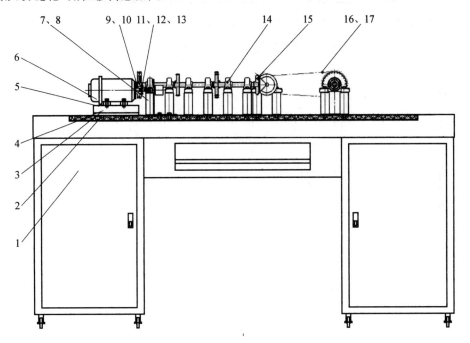

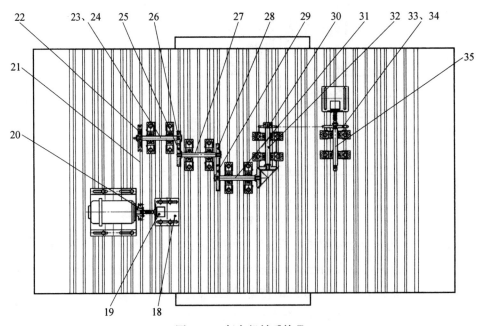

图1.70　复杂机械系统Ⅱ

(2)搭接说明。

由图 1.70 可知,电动机 6 通过螺栓固定在支座 5 上,然后通过螺栓 3 固定在带 T 型槽的实验平台 1 上;小带轮 20 安装在电动机 6 的主轴上,而大带轮 22 安装在轴 23 上,通过皮带 21 组成带传动;齿轮 26 安装在轴 23 的另一端上,而齿轮 25 安装在轴 27 上,组成一级齿轮传动;齿轮 28 安装在轴 27 的另一端上,而齿轮 29 安装在轴 31 上,形成二级齿轮传动;圆锥齿轮 15 安装在轴 31 的另一端上,而圆锥齿轮 16 安装在轴 32 上,组成圆锥齿轮传动;在轴 31 的另一端上安装小链轮 30,而大链轮 34 安装在输出轴 35 上,通过链条 33 组成链传动;小带轮 20 的轴上连接了角位移传感器 19,而大链轮 34 的轴 35 上连接了角位移传感器,分别用于测量小带轮 20 和大链轮 34 的运动。

(3)实验内容及目的。

①带−齿轮−圆锥齿轮−链传动搭接实验。通过对带−齿轮−圆锥齿轮−链传动的安装调试,掌握带传动张紧力的调节方法,了解张紧力对带传动的影响;掌握二级齿轮传动标准中心距的调节方法、中心距变动对齿轮啮合侧隙的影响;掌握圆锥齿轮传动锥顶重合度的调节方法、锥顶重合度对圆锥齿轮啮合侧隙的影响;掌握链传动张紧力的调节方法。

②带−齿轮−圆锥齿轮−链传动运动测试分析。通过面板读出或计算机采集主动带轮 20 和从动链轮 34 的角速度,并连续自动绘制系统转速和传动比的实时变化曲线,理解复杂机械系统的运转与单一带传动、齿轮传动或链传动的区别,它是各种传动综合。

③如果将角位移传感器 19 连接到齿轮 26 的主轴 23 上,可做齿轮−圆锥齿轮−链传动传动运动测试分析实验,比较齿轮−圆锥齿轮−链传动传动与带−齿轮−圆锥齿轮−链传动的不同。

16. 复杂机械系统Ⅲ

(1)搭接方案(图 1.71)。

电动机—带传动(主动带轮−角位移传感器)—二级齿轮传动—链传动−曲柄滑块机构(滑块−直线位移传感器)。

(2)搭接说明。

由图 1.71 可知,电动机 6 通过螺栓固定在支座 5 上,然后通过螺栓 3 固定在带 T 型槽的实验平台 1 上;小带轮 23 安装在电动机 6 的主轴上,而大带轮 26 安装在轴 27 上,通过皮带 25 组成带传动;齿轮 30 安装在轴 27 的另一端上,而齿轮 29 安装在轴 31 上,组成一级齿轮传动;齿轮 33 安装在轴 29 的另一端上,而齿轮 32 安装在轴 34 上,形成二级齿轮传动;在轴 34 的另一端上安装小链轮 35,而大链轮 37 安装在轴 38 上,通过链条 36 组成链传动;在轴 38 的另一端安装曲柄 39,通过铰链 40 与连杆 41 相连,而连杆通过铰链 42 与滑块 19 相连,组成曲柄滑块机构;小带轮 23 的轴上连接了角位移传感器 24,而滑块 19 通过连接板 21 与直线位移传感器 43 连接,分别用于测量小带轮 23 和滑块 19 的运动。

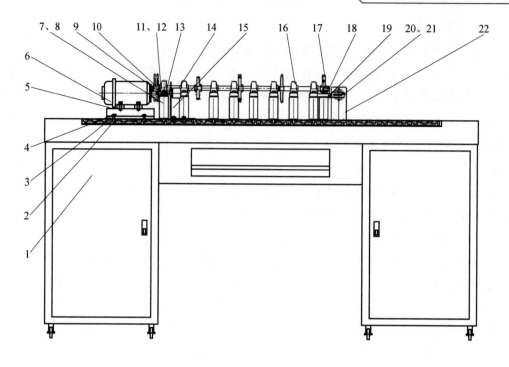

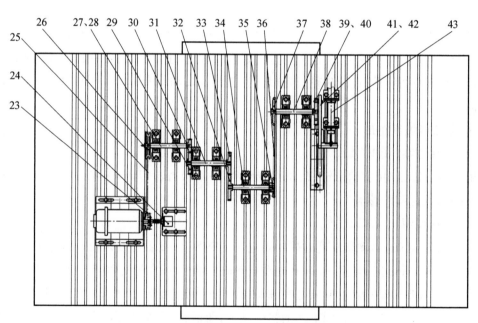

图 1.71 复杂机械系统Ⅲ

(3)实验内容及目的。

①带-齿轮-链传动-曲柄滑块机构搭接实验。通过对带-齿轮-链传动-曲柄滑块机构的安装调试,掌握带传动张紧力的调节方法,了解张紧力对带传动的影响;掌握二级齿轮传动标准中心距的调节方法、中心距变动对齿轮啮合侧隙的影响;掌握链传动张紧力的

调节方法;掌握按层面连接曲柄滑块机构的方法、层面错位对曲柄滑块机构运动的影响。

②带-齿轮-链传动-曲柄滑块机构运动测试分析。通过面板读出或计算机采集主动带轮23的角速度和从动滑块19的速度,并连续自动绘制系统转速和传动比的实时变化曲线,理解复杂机械系统的运转与单一带传动、齿轮传动、链传动及曲柄滑块机构运动的区别,它是各种传动综合。

③如果将角位移传感器24连接到齿轮30的主轴27上,可做齿轮-链传动传动-曲柄滑块机构运动测试分析实验,比较齿轮-链传动传动与带-齿轮-链传动-曲柄滑块机构的不同。

17. 复杂机械系统Ⅳ

(1)搭接方案(图1.72)。

电动机—带传动(主动带轮-角位移传感器)—二级齿轮传动—链传动—曲柄摇杆机构(摇杆-摆动位移传感器)。

(2)搭接说明。

由图1.72可知,电动机6通过螺栓固定在支座5上,然后通过螺栓3固定在带T型槽的实验平台1上;小带轮19安装在电动机6的主轴上,而大带轮21安装在轴22上,通过皮带20组成带传动;齿轮25安装在轴22的另一端上,而齿轮24安装在轴26上,组成一级齿轮传动;齿轮28安装在轴26的另一端上,而齿轮27安装在轴30上,形成二级齿轮传动;在轴30的另一端上安装小链轮17,而大链轮31安装在轴34上,通过链条33组成链传动;在轴34的另一端安装曲柄35,通过铰链36与连杆37相连,而连杆通过铰链与摇杆38相连,最后摇杆38安装在输出轴39上,组成曲柄摇杆机构;小带轮19的轴上连接了角位移传感器18,而摇杆38的轴39与角位移传感器40连接,分别用于测量小带轮19和摇杆38的运动。

(3)实验内容及目的。

①带-齿轮-链传动-曲柄摇杆机构搭接实验。通过对带-齿轮-链传动-曲柄摇杆机构的安装调试,掌握带传动张紧力的调节方法,了解张紧力对带传动的影响;掌握二级齿轮传动标准中心距的调节方法、中心距变动对齿轮啮合侧隙的影响;掌握链传动张紧力的调节方法;掌握按层面连接曲柄摇杆机构的方法、层面错位对曲柄摇杆机构运动的影响。

②带-齿轮-链传动-曲柄摇杆机构运动测试分析。通过面板读出或计算机采集主动带轮19和从动摇杆38的角速度,并连续自动绘制系统转速和传动比的实时变化曲线,理解复杂机械系统的运转与单一带传动、齿轮传动、链传动及曲柄摇杆机构运动的区别,它是各种传动综合。

③如果将角位移传感器18连接到齿轮25的主轴22上,可做齿轮-链传动传动-曲柄摇杆机构运动测试分析实验,比较齿轮-链传动传动与带-齿轮-链传动-曲柄摇杆机构的不同。

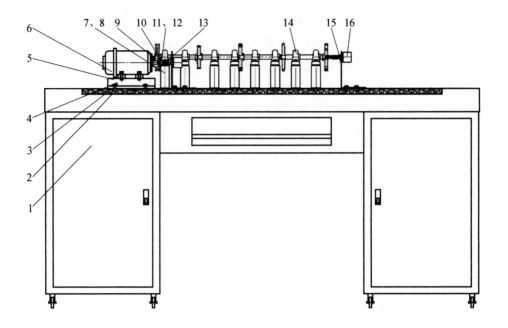

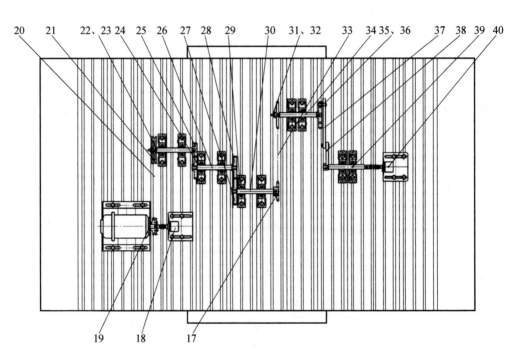

图 1.72　复杂机械系统Ⅳ

实 验 报 告

1. 参考实验内容与步骤(3),列出机械系统的结构组成及传动方案。

2. 参考实验内容与步骤(7),对搭接的机械系统进行评估、分析和总结。

第 2 章

机械制造技术基础及创新实验

　　本章主要介绍了常见的机械加工与检测方法,包括车刀几何角度测量、齿轮范成法加工、数控铣削仿真加工、线切割加工、零件加工表面检测五个实验,还加入了激光切割加工、3D 成型加工、铸造成型物理模拟三个先进制造及创新型实验。通过学习本章的传统机械加工原理和先进的制造方法,学生可以对零件加工过程有基本认识,并能够合理运用所学的二维、三维建模软件实现 CAD/CAM 过程。

实验一　车刀几何角度测量实验

一、实验目的

(1)掌握测量车刀几何角度的基本方法与所用仪器的工作原理。
(2)弄清车刀各几何角度的定义及其在图纸上的标注方法。
(3)巩固和加深对刀具几何角度定义的理解。

二、实验仪器和用具

(1)车刀量角仪。
(2)45°车刀、90°外圆车刀、切断车刀、螺纹车刀。

三、工作原理

1. 车刀量角台的结构

车刀量角台的结构如图2.1所示。它主要由刀具安放工作台、大刻度盘、小刻度盘、垂直升降杆、底座、指针等组成。

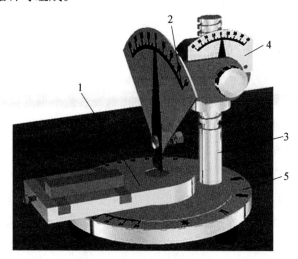

图2.1　车刀量角台的结构
1—刀具安放工作台及测量指针;2—扇形大刻度盘及大指针;3—垂直升降杆;
4—右侧小刻度盘及小指针;5—底座及底座刻度盘

2. 工作原理

车刀结构及标注角度参考系如图2.2所示,车刀的几何角度是在车刀的各辅助平面内测量的,车刀的主剖面和切削平面均垂直于车刀的基面。

因此,在设计量角仪时,以工作台平面作为车刀的基面(车刀靠工作台平面和定位块定位),以扇形大刻度盘平面代表主剖面、切削平面或走刀方向,当工作台转到不同位置时,可能测出车刀各剖面内角度。

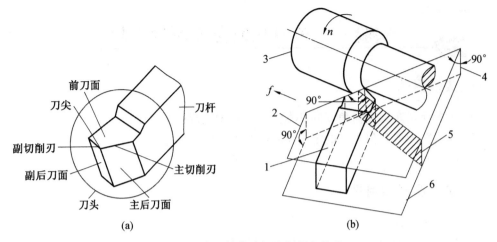

(a)   (b)

图 2.2　车刀结构及标注角度参考系

1—车刀;2—基面(P_r);3—零件;4—切削平面(P_s);5—主剖面(P_o);6—底平面

　　如果将小指针指着测出的刃倾角 λ_s,这时扇形大刻度盘平面即可作为车刀的法剖面,因此,能测出车刀法剖面内角。

　　测量车刀几何角度时,车刀置于工作台上,工作台地面表示基面,侧面靠定位块确定车刀轴线。

四、实验内容与步骤

1.量角仪对零

　　测量前使量角仪对零,即旋转板、扇形大刻度盘及右侧小刻度盘指针均指向 0,此时,车刀轴线应与扇形刻度盘及指针垂直。

2.测主切削刃上的角度

　　(1)主偏角 k_r。

　　大小指针对零,顺时针转动工作台使主切削刃与扇形大刻度盘正面密合,这时工作台测量指针所对底座刻度值即为 k_r。

　　(2)刃倾角 λ_s。

　　调整主量角器(扇形大刻度盘)高度,使大指针底边对准并紧贴主切削刃,则大指针所指角度即为 λ_s(右负、左正)。

　　(3)前角 γ_o。

　　使工作台沿逆时针方向转 90°,这时扇形大刻度盘平面为主剖面。调整扇形大刻度盘、定位块位置,使大指针底边贴紧前刀面,则大指针所指的角度为 γ_o(右负、左正)。

　　(4)后角 α_o。

　　调整扇形大刻度盘、定位块位置,使大指针侧边贴紧主后刀面,则大指针所指的角度为 α_o。

3. 测副切削刃上的角度

(1)副偏角 k_r'。

大小指针对零,逆时针转动工作台使副切削刃与扇形大刻度盘正面密合,这时扇形大刻度盘平面为副切削平面,工作台测量指针所对底座刻度值即为 k_r'。

(2)副后角 α_o'。

使工作台沿顺时针方向转 90°,调整扇形大刻度盘、定位块位置,使大指针侧边贴紧副后刀面,则大指针所指的角度为 α_o'。

4. 法剖面的角度

(1)法剖面的前角 γ_n。

大小指针对零,在主偏角的前提下,使工作台逆时针方向转 90°,这时扇形大刻度盘平面为主剖面,调整小指针,使小指针的角度指着测出的刃倾角 λ_s 的角度(这时大指针垂直于主切削刃)。调整扇形大刻度盘、定位块位置,使大指针底边贴紧前刀面,则大指针所指的角度为 γ_n(右负、左正)。

(2)法剖面的后角 α_n。

调整扇形大刻度盘、定位块位置,使大指针侧边贴紧主后刀面,则大指针所指的角度为 α_n。

五、注意事项

(1)坚持"安全第一"原则,注意人身安全,避免头发、衣袖等物体卷入设备。

(2)爱护设备,操作设备动作要轻,以免损坏设备;开机运行前要仔细检查各部分安装是否到位、连接螺栓是否拧紧;开机后,不要太靠近运动零件。

(3)完成实验后,学生应将实验台和实验室打扫干净,并将桌椅物品摆放整齐。

实 验 报 告

1. 实验数据记录。

刀号	车刀名称	主剖面参考系/(°)						法剖面参考系/(°)	
		主偏角 k_r	刃倾角 λ_s	前角 γ_o	后角 α_o	副偏角 k_r'	副后角 α_o'	前角 γ_n	后角 α_n
1	45°车刀								
2	90°车刀								
3	螺纹车刀								
4	切断车刀								

2. 绘制45°车刀标注角度图(标出测量角度,精确到小数点后一位)。

3. 按什么顺序测量角度能够节省时间?

实验二　齿轮范成法加工实验

一、实验目的

（1）掌握用范成法加工渐开线齿轮的基本原理。
（2）了解齿轮产生根切现象的原因和避免根切的方法。
（3）分析比较标准齿轮与变位齿轮的异同点。

二、实验概述

齿轮范成法实验原理：范成法是利用齿廓啮合的基本定律来切制齿廓的，一对齿轮（或齿轮齿条）互相啮合时，其共轭齿廓互为包络线。加工时，其中一齿轮（或齿条）为刀具，另一轮为轮坯，两者做相对运动，同时刀具还沿轮坯的轴向做切削运动，最后轮坯上被加工出来的轮廓就是刀具在各个位置的包络线，其过程与无齿侧间隙啮合传动类似。借助齿轮范成仪，可以清楚地了解齿廓形成的过程。

三、齿轮范成仪结构

齿轮范成仪结构如图 2.3 所示。

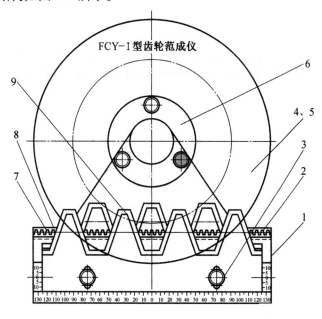

图 2.3　齿轮范成仪结构

1—横向导板；2—横向导轨；3—元宝螺帽；4—齿轮基圆盘；5—图纸托盘；
6—压纸垫板；7—齿轮同步带；8—底盘；9—齿板

四、自备工具

卡纸(A4)两张、圆规、三角尺、剪刀、铅笔。

五、实验内容及步骤

1.齿轮坯的准备

用 A4 大小的卡纸准备两只齿轮坯,基本参数如下。

模数:$m=20$ mm;齿数:$Z=10$;压力角:$\alpha=20°$;齿顶高系数:$h_a^*=1$;顶隙系数:$c^*=0.25$。

一只齿轮用来切制标准齿轮,剪出半圆毛坯纸,计算其齿顶圆半径、齿根圆半径、分度圆半径、基圆半径并绘出上述四圆,剪成略大于齿顶圆的大半圆齿轮坯。

另一只齿轮用来切制变位齿轮,变位系数 x 按不发生根切的条件:$x \geqslant h_a^*(Z_{min}-Z)/Z_{min}$选取,但不宜选过大。暂设齿顶高变动系数 $\delta=0$,计算出上述四圆的半径,并剪成齿轮坯。

2.齿轮坯的安装

取下范成仪上的压板,按压板上螺钉孔的位置在齿轮坯上开三个小孔,将齿轮坯中心对准范成仪的中心,用压板压紧轮坯。利用元宝螺帽调整齿条刀具(齿板)离齿轮坯中心的距离,使齿条刀具左右移动时,刀具的顶端均能与齿轮坯齿根圆相切。安装变位齿轮时需要重新调整。

3.范成齿廓

先将齿条刀具移到左端,使刀具的齿廓退出轮坯中标准齿轮的齿顶圆(注意:为了防止脱线,不要让齿轮坯中心线的倾斜度超过 90°),自左端向右移动齿条工具,每隔 2 ~ 3 mm,在毛坯纸上画出齿条刀具的轮廓线,注意画线时不要漏线,直到刀具的左端移进中线为止,这时便范成出三个完整的齿形。

4.换上另一齿坯

重复步骤 2 和 3,完成变位齿轮齿廓的范成(注意:齿板向上移是负变位,向下移是正变位)。

5.观察根切现象

用范成法加工齿轮时,若刀具的齿顶线或齿顶圆与啮合线的交点超过被切齿轮的啮合极限点,则刀具的齿顶会将被切齿轮之齿根的渐开线齿廓切去一部分。被切制的齿轮根部被切去一部分后,破坏了渐开线齿廓,此现象称为根切。产生了严重根切现象的齿轮,一方面削弱了轮齿的抗弯强度,另一方面使齿轮传动的重合度有所降低,这对传动十分不利,所以应避免根切现象的产生。

六、注意事项

(1)实验前按实验步骤 1 的要求准备好两个齿轮坯,并带上圆规、铅笔、橡皮、剪刀等实验工具。

(2)实验中,刀具移到左端和右端时,注意不要使齿轮坯的中心线倾斜度超过 90°,以免损坏线传动范成仪。

(3)绘制齿形时,笔尖要紧贴刀具的外侧。

实 验 报 告

1. 填写表格数据。

项目	标准齿轮	变位齿轮
最小变位系数 $x_{\min}$	—	
变位系数 x		
齿顶圆半径 r_a		
齿根圆半径 r_f		
分度圆半径 r		
基圆半径 r_b		

2. 将两个齿形图标注完整,如有根切现象,请指出根切位置。

3. 比较标准齿轮与变位齿轮的齿形有什么不同,并分析其原因。

4. 用齿条刀具加工标准齿轮时,刀具与轮坯之间的相对位置和相对运动有何要求? 为什么?

5. 影响根切的因素有哪些? 在加工齿轮时,如何避免根切现象?

实验三　数控铣削仿真加工实验

一、实验目的

（1）掌握数控铣床基本加工原理和方法。

（2）学习常用数控加工 G 代码、M 代码等指令，并会使用 G 代码编写加工程序。

（3）掌握零件的工艺编排及程序编排方法。

二、实验方法

我国数控铣削加工常用的数控系统有发那科（FANUC）、西门子（SIEMENS）、华中数控及广州数控四大系统。无论使用哪种数控系统，在实际操作中，G 代码指令编程、加工工艺编排方法大体相似，掌握其中一种的编程系统，其他系统也能很快熟悉操作。综上所述，本实验借助仿真数控加工软件训练 G 代码、M 代码的编写操作，省去了复杂的实验设备，编写的程序能够兼容四大数控系统，通过验证后的程序可上传到数控加工机床进行真实加工操作。

三、实验设备

（1）CNC Simulator Pro 仿真数控加工软件一套。

（2）笔记本电脑（自备），要求 Windows 10 以上系统并能够流畅运行数控加工模拟软件即可。

四、实验原理

1. G 代码介绍

（1）G 代码又称为准备功能字，编写范围为 G0 ~ G99，本实验以 FANUC 数控系统程序为例（下同），常用 G 代码见表 2.1。

表 2.1　常用 G 代码

G 代码	组别	含义	G 代码	组别	含义
G00 *	01	快速定位	G15 *	17	取消极坐标
G01		直线插补	G16		极坐标指令有效
G02		顺时针圆弧插补 CW	G17 *	02	XY 插补平面选择
G03		逆时针圆弧插补 CCW	G18		ZX 插补平面选择
G04 ▲	00	进给暂停	G19		YZ 插补平面选择
G09		准确停止	G20	06	英制尺寸单位

续表 2.1

G 代码	组别	含义	G 代码	组别	含义
G21 *	06	米制尺寸单位	G65	12	宏程序调用
G27 ▲	00	返回参考点检验	G66		宏程序模态调用
G28 ▲		返回参考点	G67 *		取消宏程序调用
G29 ▲		从参考点返回	G68	16	坐标系旋转
G30 ▲		返回第 2、3、4 参考点	G69 *		取消坐标系旋转
G40 *	07	取消刀具半径补偿	G73	09	孔底断屑渐进钻削循环
G41		刀具半径左补偿	G74		攻左旋螺纹循环
G42		刀具半径右补偿	G76		孔底让刀精镗循环
G43	08	刀具长度正向补偿	G80 *		取消固定循环
G44		刀具长度负向补偿	G81		高速钻削循环
G49 *		取消刀具长度补偿	G82		锪孔循环
G50 *	11	取消比例缩放	G83		孔口排屑渐进钻削循环
G51		比例缩放有效	G84		攻右旋螺纹循环
G50.1 *		取消可编程镜像	G85		铰孔循环
G51.1		可编程镜像有效	G86		孔底主轴停转精镗循环
G52 ▲	00	局部坐标系设定	G87		反镗循环
G53		选择机床坐标系	G88		手动返回浮动镗孔循环
G54 *	14	选择第一件坐标系	G89		孔底暂停精镗阶梯孔循环
G55		选择第二件坐标系	G90 *	03	绝对尺寸编辑
G56		选择第三件坐标系	G91		增量尺寸编辑
G57		选择第四件坐标系	G92	00	可编程工件坐标系
G58		选择第五件坐标系	G94 *	05	每分钟进给
G59		选择第六件坐标系	G95		每转进给
G61	15	准确停止方式	G98 *	10	固定循环返回初始平面
G63		攻螺纹方式	G99		固定循环返回 R 平面
G64 *		切削方式			

注:1. ＊表示初始 G 代码,由机床参数设定。

    2. 00 组表示非模态 G 代码(一次性 G 代码),其余组别为模态 G 代码。

    3. ▲表示单程序段 G 代码。

(2)G 代码分组。

G 代码分组就是将系统不能同时执行的 G 代码分为一组,并以编号区别。例如,G00、G01、G02、G03 就属于同组 G 代码。同组 G 代码具有相互取代的作用,在一个程序段内只能有一个生效。当在同一程序段内同时出现 n 个同组 G 代码时,则只执行排在最后位置那个 G 代码。对于不同组的 G 代码,在同一程序段内可以共存。

如:G18 G40 G54;正确,所有 G 代码均不同组。

G00 G01 X_ Z_;执行 G01,G00 无效。

(3)G 代码分类 G 代码有以下三种分类方式。

①按续效性分类。G 代码按续效性分为模态 G 代码和非模态 G 代码两大类。模态 G 代码一经指定,直到同组 G 代码出现为止一直有效,也就是说,只有同组 G 代码出现才能取代它,此功能可以简化编程。非模态 G 代码仅在所在的程序段内有效,故又称为一次性 G 代码。②按初始状态分类。G 代码按初始状态分为初始 G 代码(又称为原始 G 代码)和后置 G 代码两种。初始 G 代码是机床通电后就生效的 G 代码,此功能能防止某些必不可少的 G 代码遗漏,这由机床参数设定。后置 G 代码指程序中必须书写的 G 代码。③按程序段格式分类。G 代码按程序段格式分为单段 G 代码和共容 G 代码两种。单段 G 代码自成一个程序段,不能写入其他任何功能指令。共容 G 代码指该 G 代码所在的程序段中可以写入需要的其他字。

2.M 代码介绍

M 代码又称为辅助功能字,编写范围为 M0 ~ M99,辅助功能 M 多数是一些有关机床动作的功能,尽管有标准规定,但不同的数控系统、不同的机床也有差异。常用 M 代码见表 2.2,表中主轴顺时针、逆时针旋转方向规定如下:从主轴尾部向主轴头部方向看,主轴顺时针方向旋转为 M03,也称为主轴正转或 CW 旋转;主轴逆时针方向旋转为 M04,也称为主轴反转或 CCW 旋转。

表 2.2　常用 M 代码

M 代码	功能	M 代码	功能
M00	程序停止	M06	换刀
M01	程序选择停止	M08	切削液开
M02	主程序结束	M09	切削液关
M03	主轴顺时针方向旋转	M30	主程序结束并返回
M04	主轴逆时针方向旋转	M98	子程序调用
M05	主轴停转	M99	子程序结束并返回

3.其他代码介绍

T_刀具功能字:刀具号,加工中心使用,铣床不用,由机床规定加工范围。

S_主轴转速功能字:用来指定主轴转速,其单位为 r/min,数值由机床规格决定。

F_进给功能字:用来指定切削进给速度,分为每分钟进给(mm/min)和主轴每转进给(mm/r)两种,简称分进给和转进给,编程时分别用 G94、G95 定义,数控铣床、加工中心常用分进给,且 F 的编程范围由机床规格决定。

N_程序段号:放在程序段开头,编写范围为 N0～N9999,导零可以省略,如 N0010 = N10 数字一般按照从小到大、相同间隔数字书写,但程序不按程序段号大小顺序执行,而是按自然书写位置顺序执行。程序段号可用于检索查找、自动执行程序位置标志,程序号也是一条单独程序段。

X_ Y_ Z_坐标功能字:机床的最小输入单位,用来描述轮廓在坐标系中的位置,一般写在移动指令 G 代码后,每个坐标后需要以英文句号"."结尾,如 X100.Y50. 。

";":程序段结束符号,一段程序段结束,段与段之间的分界。手动输入或自动将程序输入面板时生成,编程时通常用英文分号";"。

4.编程格式介绍

(1)程序结构示例。

N10 T1 D01 M06;

N11 G90 F750 G54 G01 X50.Y50. ;

N12 S2500 M03;

N13 G43 H01 Z50.M08;

……

N97 M05;

N98 M09;

N99 M30;

(2)程序说明。

N10 程序段含义:更换 1 号刀具,调用 1 号刀具补偿。

N11 程序段含义:坐标都为正值,进给速度为 750 mm/min,移动到初始坐标(50,50)。

N12 程序段含义:主轴转速为 2 500 r/min 正转。

N13 程序段含义:刀具补偿为正值,1 号刀位刀具沿 Z 轴移动 50 至安全位置,开启切削液。

……

N97 程序段含义:加工结束后主轴停止。

N98 程序段含义:关闭切削液。

N99 程序段含义:程序结束并返回程序头。

五、实验内容

使用 G 代码、M 代码对图 2.4 所示零件进行加工代码编程,加工中心铣刀 $\phi =$ 20 mm,要求所编的程序能够在 CNC Simulator Pro 仿真数控加工软件(图 2.5)上实现 2D 和 3D 的零件加工仿真且程序完整不报错。

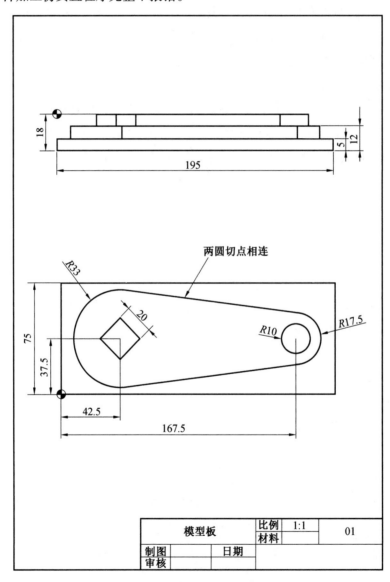

图 2.4　模型板零件图(单位:mm)

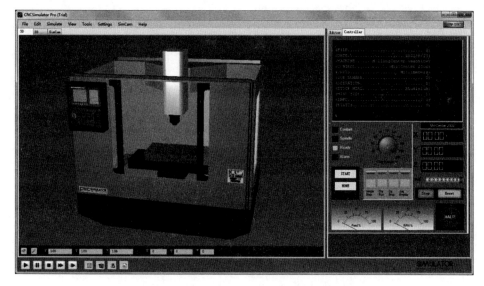

图 2.5　CNC Simulator Pro 仿真数控加工软件界面

六、注意事项

（1）遵守实验室各项制度，注意用电安全，听从教师安排，爱护实验室桌椅家具。

（2）爱护设备，操作设备动作要轻，以免损坏设备；实验前，计算机要预安装好实验软件并确认软件能够正确运行，遇到问题要及时向教师反馈。

（3）完成实验后，学生应将实验台和实验室打扫干净，并将桌椅物品摆放整齐。

实 验 报 告

1. 在铣削加工中,根据铣刀与工件接触部分的旋转方向和切削进给方向之间的关系可以分为顺铣和逆铣两种加工方式,请简述其区别。

2. 在实际加工中,根据零件毛坯的不同要求,可分为粗加工和精加工,请简述其区别。

3. 根据加工经验,$\phi=20$ mm 的铣刀 Z 轴切削进给量不宜超过 7 mm。如果单次进给量过大,会造成什么后果? 请分析其原因。

实验四　激光切割加工实验

一、实验目的

(1)了解激光切割机的工作原理及操作方法。

(2)利用激光切割机加工零件。

二、实验原理

1.激光加工技术的特点

激光是一种能量密度高、方向性强、单色性好的相干光,激光束经过聚焦后,能得到极高的功率密度,从而为实现激光加工创造了有利条件。

激光加工是激光束作用于物体表面使物体变形(去除或熔化材料)或物体表面性能改变的加工过程。与其他加工方法相比,激光加工具有以下特点。

(1)激光加工属于无接触加工。激光加工是通过激光光束进行加工,与被加工工件不直接接触,降低了机械加工惯性和机械变形,方便了加工。同时,还可加工常规机械加工不能或很难实现的加工工艺,如内雕、集成电路打微孔、硅片的刻画等。

(2)加工质量好,加工精度高。由于激光能量密度高,可瞬时完成加工,与传统机械加工相比,工件热变形小、无机械变形,因此加工质量显著提高;激光可通过光学聚焦镜聚焦,激光加工光斑非常小,加工精度很高。

(3)加工效率高。激光切割可比常规机械切割提高加工效率几十倍甚至上百倍;激光打孔特别是微孔可比常规机械打孔提高效率几十倍至上千倍;激光焊接比常规焊接提高效率几十倍;激光调阻可提高效率上千倍,且精度亦显著提高。

(4)材料利用率高,经济效益高。激光加工与其他加工技术相比可节省材料10%~30%,可直接节省材料成本费,且激光加工设备操作维护成本低,对加工费用降低提供了先决条件。

2.激光加工的原理

激光加工是一种重要的高能束加工方法,利用激光高强度、高亮度、方向性好、单色性好的特性,通过光学系统将激光束聚焦成尺寸极小、能量密度极高(可达 $10^4 \sim 10^{11}$ W/cm^2)的光斑照射到材料上,使材料在极短的时间($<10^{-3}$ s)内熔化甚至汽化,从而达到加热和去除材料的目的。

通过 AutoCAD 等软件将图形作成矢量线条的形式,然后存为相应的 DXF 格式,用激光切割机操作软件打开该文件,根据所加工的材料进行能量和速度等参数的设置,下载到激光切割机中运行。激光切割机在接到计算机的指令后会根据软件产生的飞行路线进行自动切割。

三、实验设备及准备材料

(1)120 W 激光切割机一台。

(2)2 mm 或 3 mm 厚的澳松板(密度板),5 mm 厚的亚克力板。

（3）笔记本电脑（自备），能正常运行 Windows 10 及以下系统。

四、实验步骤

（1）接通水泵、气泵，将排烟管放到窗外，并检查冷却水循环是否正常。

（2）连接好切割机上的电源线、数据线和地线后，打开计算机和激光切割机的电源开关。激光切割机开关按钮如图 2.6 所示，打开机器时，先打开急停开关，开启电源，然后关闭急停开关，再进行后续操作。

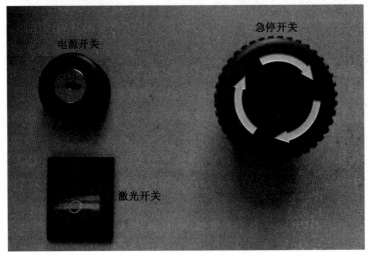

图 2.6　激光切割机开关按钮

（3）将画好的零件图（成型尺寸小于 120 mm×120 mm）另存为 DXF 格式后导入配套的计算机软件中，对各项参数进行编辑。使用切割功能，速度设置为 10 mm/s，功率设置为 90。使用雕刻工序，速度设置为 60 mm/s，功率设置为 20 即可。编辑完成后进行仿真，仿真成功后通过数据线下载到激光切割机中。

注意：零件图可以自行设计，也可以采用图 2.7、图 2.8 所示的齿轮图和槽轮图，加工完成后对所加工的零件进行拍照作为实验数据粘贴在实验数据处理处。

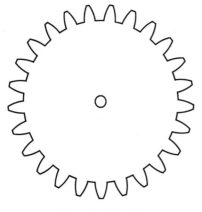

图 2.7　齿轮图

图 2.8　槽轮图

（4）调节光路和焦距。根据板材厚度的不同,用设备所带的焦距调整圆片调整焦距,使激光头和板材都与圆片紧贴。激光切割机属于精密光学仪器,对光路调节的要求较高,如果激光不是从每个镜片的中心射入,就会影响切割效果。

（5）调整好焦距之后,在如图 2.9 所示激光切割机控制面板上点击文件按钮选择所画图形,点击上下左右按钮来移动激光头到板材的合适位置,点击定位按钮定位,点击边框按钮走一遍边框以确定加工范围没有超出板材或范围内材料不全。

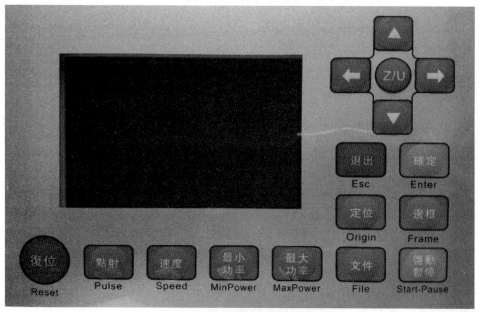

图 2.9　激光切割机控制面板

（6）一切就绪后,将激光切割机开关打开,点击启动暂停按钮,进行加工,加工过程中如果出现着火现象可点击启动暂停按钮暂停,待火熄灭之后再次加工。

（7）加工完成后,会有声音提示。将激光切割机开关关闭后,等待一段时间后,取出加工件。在加工过程中,若是冷却水循环不正常,则加工会自动停止,直到冷却水循环正常后,加工才继续进行。

（8）加工完成后,请务必清洁工作台,保持激光切割机的清洁。

五、注意事项

（1）没有经过正式培训的人员严禁使用。

（2）使用前要检查风机、冷却机是否正常工作,排烟管是否放到窗外。

（3）风机和冷却机要常开,排烟系统需要时开启即可。

（4）下载程序时使用数据线,禁止使用 U 盘,防止携带病毒损坏机器。

（5）调整最大功率时不可超过 99%。

（6）使用后要清理机器,关掉电源并将排烟管放回室内。

（7）使用或维护设备后填写运行或维护记录。

（8）激光切割机在加工过程中产生漂浮物和气味,在加工结束后,应等待一段时间后打开保护罩。

实 验 报 告

1.附激光加工 CAD 零件图(在零件图中标注实物尺寸)。

2.针对激光切割的原理,举例说明哪些机构零件适合利用激光切割机进行加工,哪些不能,为什么?

3.思考并回答:激光切割过程中,调节加工速度和加工强度两种方法哪种对材料的切除效果更加明显,两种方法的优缺点各是什么?

4.用激光加工完成一个实物作品,要求具有一定实用性或美观性,作品包括设计者姓名和简单说明(30~50字)。

实验五　线切割加工实验

一、实验目的

（1）了解电火花线切割机的加工原理。
（2）熟悉程序的输入、编辑修改及调试方法。
（3）初步了解机床数控面板各操作键的功能。
（4）掌握机床自动找正、设置坐标等定位调试方法。
（5）按图纸要求正确加工图示零件。

二、实验设备及工具

（1）DK7735 电火花线切割机床。
（2）零件毛坯。
（3）零件样板及装夹工具。

三、实验设备结构及实验原理

1. 线切割机床的设备结构及加工原理

线切割机床又称电火花线切割机床，其加工过程是利用一根移动着的金属丝（钼丝、钨丝或铜丝等）作工具电极，在金属丝与工件间通以脉冲电流，使之产生脉冲放电而进行切割加工的。线切割机床的设备结构如图 2.10 所示，电极丝穿过工件上预先钻好的小孔（穿丝孔），经导轮由走丝机构带动进行轴向走丝运动。工件通过绝缘板安装在工作台上，由数控装置按加工程序指令控制沿 X、Y 两个坐标方向移动而合成所需的直线、圆弧

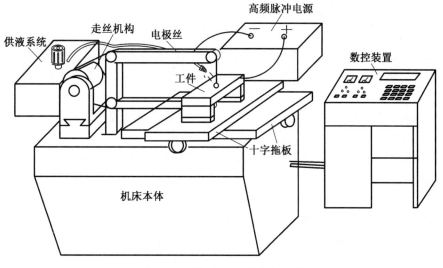

图 2.10　线切割机床的设备结构

等平面轨迹。在移动的同时,线电极和工件间不断地产生放电腐蚀现象,工作液通过喷嘴注入,将电蚀产物带走,最后在金属工件上留下细丝切割形成的细缝轨迹线,从而达到了使一部分金属与另一部分金属分离的加工要求。

2. 主要的零部件参数

机床是由数控装置、机床本体、十字拖板、走丝机构、高频脉冲电源、供液系统及附件组成。钼丝绕在走丝机构的贮丝筒上,经丝架上的导轮以恒速循环移动切割,工件放置十字拖板上,用相应的夹具固定。

十字拖板工作台行程(X、Y):350 mm、450 mm。

工件最大切割厚度:400 mm。

工件最佳切割厚度:60 ~ 80 mm。

工件最大切割锥度:3°、15°、30°。

最快切割速度:90 mm/min。

钼丝直径:0.12 ~ 0.20 mm。

贮丝筒最大贮丝长度:300 m。

一卷钼丝2 000 m,大概可以更换贮丝筒上的钼丝7次。

3. 线切割机床的特点

(1)不需要制造成型电极,工件材料的预加工量小。

(2)能方便地加工出复杂形状的工件、小孔、窄缝等。

(3)脉冲电源的加工电流小,脉冲宽度较窄,属中、精加工范畴,一般采用负极性加工,即脉冲电源的正极接工件,负极接电极丝。

(4)由于电极丝是运动着的长金属丝,单位长度电机的损耗较小,所以对切割面积不大的工件,因电极损耗带来的误差较小。

(5)只对工件进行平面轮廓加工,故材料的蚀除量小,余料还可利用。

(6)工作液选用乳化液,而不是煤油,成本低又安全。

四、实验内容与步骤

(1)准备工作。开机前,先要移除控制计算机主机上多余的 U 盘等存储介质,以免影响控制系统启动。首次使用线切割机床或旧钼丝,需要为机床重新穿钼丝线,操作方法如下。

①操作者站在贮丝筒后面,把左右撞块分别调整放置在行程的最大位置,用螺丝刀扭开贮丝筒一侧的螺钉。

②取出钼丝线头按顺序穿线,从贮丝筒左侧取钼丝线头的穿线顺序:先穿过上排导轨轮、导电块、下排导轨轮、断丝保护,从贮丝筒的下方顺时针方向固定在贮丝筒左侧螺丝上。如果从右侧取钼丝线头,则要从贮丝筒下方开始穿线,依次穿过断丝保护、下排导轨轮、导电块、上排导轨轮,从贮丝筒的上方逆时针固定在贮丝筒的右侧螺丝上。

③钼丝缠好后,手动转动贮丝筒检测穿线,正确穿线后,把左右撞块向中间移动一些,再按下贮丝筒运行开关。

（2）设备开机。开启线割机床控制系统标有总控的按钮，打开控制柜的启动按钮后，控制计算机主机自动打开，根据工程提供的图纸要求，在线切割机床上固定需要加工产品的相应夹具。

（3）加工文件导入。插入 U 盘，导入加工文档到计算机，线切割控制系统操作界面如图 2.11 所示，鼠标在主操作界面右边栏选择 File 文件调入，选择 E:USB 盘导入要加工的文件，再通过存盘功能将文件转存到机床 D:虚拟盘加载加工文件，最后按 ESC 键返回主页面。

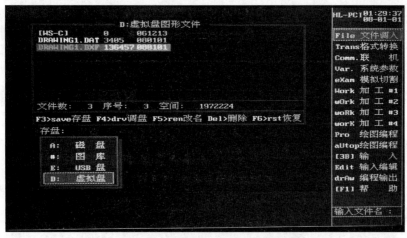

图 2.11　线切割控制系统操作界面

（4）加工文件处理。Trans 格式转换界面如图 2.12 所示，使用操作界面的 Trans 格式转换功能，将已绘制好的加工文件从 DXF 格式转换成机床可读的 DAT 格式，再使用功能菜单中 Pro 绘图编辑功能（图 2.13）打开已转换好的 DAT 格式文件。

图 2.12　Trans 格式转换界面

（5）编辑加工路径。点击主菜单的 1 数控程序，选择 1 加工路线设置线切割加工起点如图 2.14、图 2.15 所示，选择好线切割方向后，需要把线切割路线偏移出 0.1 mm 作为钼丝行走的路线，完成编辑后点击数控菜单中的 3 代码存盘保存加工路径，再点击退回功能退回主菜单，最后选择主菜单中的 Q 退出系统完成加工路径编辑。

119

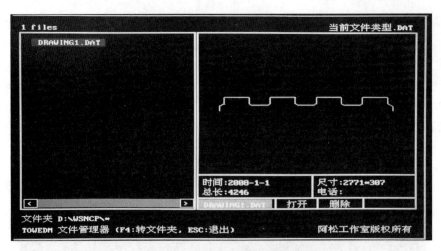

图 2.13　Pro 绘图编辑操作界面

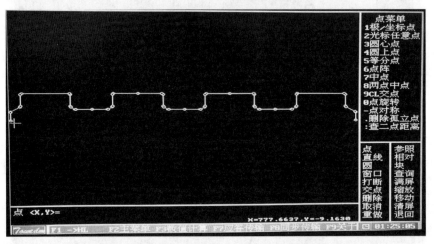

图 2.14　设置加工路径

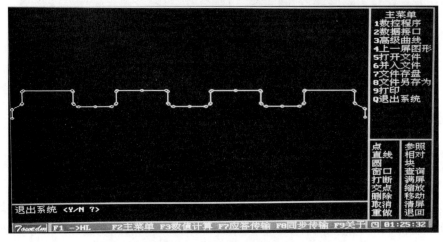

图 2.15　完成加工路径的编辑

（6）模拟路径。为了提高加工的成功率，建议在加工开始前，使用路径模拟功能进行模拟加工，如图 2.16 所示点击主菜单的 eXam 模拟切割，待程序测试没问题后，使用图 2.17中的 Work 加工 #1 选择 Cut 切割功能开始加工。

图 2.16　eXam 模拟切割选项

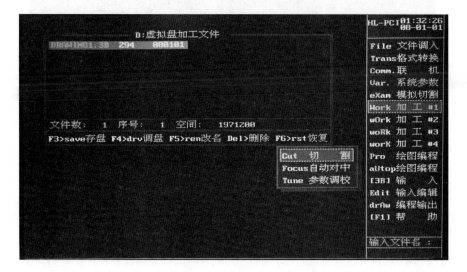

图 2.17　实际加工选项

（7）开始加工。若需要修改加工参数，可使用如图 2.18 所示加工程序界面 F3 Para. 参数功能进行参数修改，例如，Axis 坐标转换功能可以修改加工坐标方向。待加工程序确认无误后，依次点击如图 2.19 中的 F1 Start 开始、F10 Track 自动、F11 H. F. 高频、F12 Lock 进给选项，线切割机床开始自动加工。

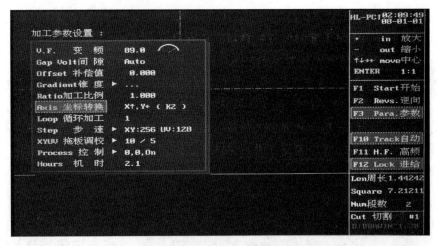

图 2.18　加工参数修改

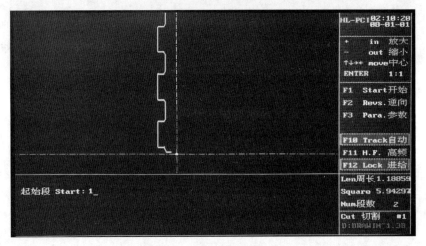

图 2.19　加工操作界面

五、注意事项

（1）用压板螺钉装固好工件毛坯，由于毛坯形或加工范围等的需要，可架搭桥板后进行装夹。

（2）挂好钼丝，进行走丝，加载张力，供液等调试操作，检查确保各部件的运转灵活可靠。

（3）进行回机床原点操作，确保准确的相对位置，确定合适的加工起点，调入存储好的零件图形的加工程序，调整上导丝器至合适的位置，进行空运行操作，检查确保运行区间内无任何干涉现象。

（4）加工中若出现断丝现象，需先停止加工程序，并切断加工电源，待结好丝，则可继续加工。若在断丝处无法进行穿丝操作，可先回加工起点，待穿好丝并加电后，空行程一段后再开按钮，则机床将自动按原路线以较快的速度移至断丝点，到达后再按循环启动即可继续加工。

实 验 报 告

1. 通过实验,思考如何使用线切割机床对板类零件进行内孔加工。

2. 如下图所示,简述该零件的内孔和外轮廓加工顺序,并阐述理由。

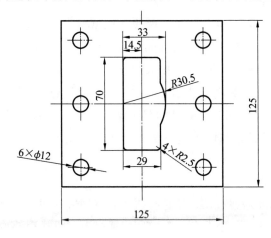

实验六　3D 成型加工实验

一、实验目的

（1）了解 3D 打印技术的基本原理。

（2）熟悉三维打印机的基本构造和模型制作过程。

（3）通过现场学习和实践，加深对 3D 快速成型工艺的理解。

二、实验原理

1.3D 打印技术特点

3D 打印技术是 20 世纪 80 年代出现的快速成型技术的发展。快速成型技术不需要传统意义上的模具和机床，而是依据工件的 CAD 模型，在计算机控制下由自由成型机直接成型三维工件的增材制造。3D 打印技术结合了自动控制、材料、计算机辅助设计等多种先进技术，是一种革命性的制造技术。3D 打印无须机械加工或模具，就能直接从计算机图形数据中生成任何形状的物体，从而极大地所缩短了产品的生产周期，提高了生产率。尽管仍有待完善，但 3D 打印技术市场潜力巨大，势必成为未来制造业的众多突破技术之一。

2.3D 打印技术原理

3D 打印技术的原理是通过切片软件对所建立模型进行切片，得到模型的二维层面轮廓信息，根据轮廓信息生成控制代码，3D 打印机通过上位机或存储设备读取打印代码，将材料层层堆积，形成一系列截面薄片层，打印过程中，层与层之间相互黏结，最后形成所要打印的实体。3D 打印技术使工件的制造变得简化，只需要传统切削加工 30% ~50% 的工时和 20% ~35% 的成本就能直接制作复杂的工件，被视为第三次工业革命的代表之一。

三、实验设备及准备材料

3D 打印机 UP Plus2、PLA 线材、计算机。

四、实验内容及步骤

1. 机器及软件准备

（1）打开计算机及 3D 打印机的电源开关。打开计算机中 3D 打印机配套软件 UPStudio 软件界面如图 2.20 所示。

（2）机器每次打开时都需要初始化。在软件界面最左列菜单中的第三个选项，单击初始化选项，等待打印机完成初始化准备工作（初始化开始及结束时，打印机均会发出蜂鸣声进行提示，在初始化期间请勿对打印机及其软件进行任何操作）。

（3）在初始化期间，打印头和打印平台缓慢移动，并会触碰到 XYZ 轴的限位开关。这

124

一步很重要,因为打印机需要找到每个轴的起点。只有在初始化之后,软件其他选项才会亮起供选择使用。

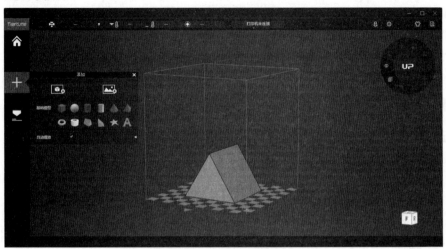

图 2.20　UPStudio 软件界面

2. 载入打印模型

点击菜单中文件/打开或者工具栏中按钮"+",选择一个想要打印的 STL 格式文件(可通过三维建模软件 SolidWorks、Pro-E 等生成)。载入模型后,需要通过软件右上角的自动布局按钮,将模型置于最适合打印的位置。

3. 开始打印

载入模型完成后,点击打印按钮,弹出打印预览窗口,如图 2.21 所示。

图 2.21　打印预览窗口

设置好参数后,点击确定,在数据传输完成后,程序将在弹出窗口中显示模型所需的材料质量和预计打印时间。同时,喷嘴将开始加热。打印工作将自动开始。

4. 模型移除

(1)当模型完成打印时,打印机会发出蜂鸣声,喷嘴和打印平台会停止加热。

(2)将扣在打印平台周围的弹簧顺时针别在平台底部,将打印平台轻轻撤出。

(3)慢慢滑动铲刀在模型下面把铲刀慢慢地滑动到模型下面,来回撬松模型。切记在撬模型时要佩戴手套以防烫伤。

五、注意事项

(1)没有经过正式培训的人员严禁使用。

(2)使用前要检查电源连接是否正常,打印机打印面板是否有异物。

(3)打印时,打印机喷嘴温度将达到220 ℃,严禁用手触碰喷头,防止烫伤。

(4)在打印机工作过程中,严禁触碰打印设备,防止因人为干扰对打印模型及打印设备造成损害。

(5)3D 打印机在加工过程中会产生异味,长时间吸入可能会引起不适,打印时请开窗通风。

(6)使用后要清理机器,关掉机器电源。

(7)使用或维护设备后填写运行或维护记录。

实 验 报 告

1. 3D 打印与传统成型工艺有何区别?

2. 围绕本次实验,讲述 3D 打印机的主要组成及工艺过程。

3. 如果将打印材料由固态线材换为液态材料,你认为有哪些优缺点(从实验原理及应用前景等角度论述)?

4. 用 3D 打印机自主设计完成一个实物作品,要求具有一定实用性或美观性,附作品照片,注明作者姓名并简单介绍作品(30～50 字)。

实验七　铸造成型物理模拟实验

一、实验目的

（1）了解铸造成型的物理原理和基本流程。

（2）了解树脂模拟铸造工艺零件的毛刺、飞边、形变等缺陷。

（3）分析加工过程中气泡、零件收缩问题的潜在原因。

（4）了解 PU 树脂和环氧树脂的成型特性及固化方法。

二、实验工具及设备

（1）PU 树脂 8015 透明色 2 kg 装、A 水 B 水各 1 kg。

（2）环氧树脂 E51-WSR618 4 kg、T593 固化剂 1 kg。

（3）一次性纸杯（容量大于 150 mL）若干只、300 mL 玻璃量杯 2 只、玻璃搅拌棒 2 根、硅胶成型模具若干。

（4）电子秤、真空机、紫外光灯。

三、实验原理

1. PU 树脂材料

（1）PU 树脂又名 AB 水或 PU 胶，化学名是聚氨酯树脂，是快速复制模型的一种材料，颜色有米黄色、白色、象牙白、透明等颜色。PU 树脂材料被广泛应用于人工合成皮革、鞋材的使用，PU 树脂可用于 PVC、TPR、橡胶、尼龙布、ABS、人工合成皮革等 PU 合成材料的粘接。PU 制品就是聚物多元醇与异氰酸酯加各种调整发泡密度、拉力、耐磨性、弹性等指标的添加剂，再用 PU 机充分搅拌后注入模具扩链交联反应而成，是一种介于塑料和橡胶之间的新型合成材料。

（2）PU 树脂的特点。PU 树脂具有优异的粘接牢度，耐热、耐候性能好，无色半透明，环保无毒，操作方便，适合流水线生产。PU 胶是最广泛使用的高档滴塑胶水，其原因是它的表面丰满、耐磨损、耐冲击、耐黄变、耐紫外线老化、永不变硬和它的长久稳定性。双组分 PU 胶清澈透明，耐紫外线，适合户外使用。手工滴胶、机器滴胶均可。主要用于模型或是模种的制作，其特点是收缩率低，固化快，易修补、打磨。

（3）PU 树脂的一般性质。

①优良的耐磨性，低温柔软性以及性能可调节范围较广。

②机械强度大、粘接性好、弹性好，并且具有优良的复原性，适合动态接缝。

③耐候性好，使用寿命可达 15～20 年，耐油性能优良，耐生物老化性好且价格适中。

④工艺性好，固好后的胶层硬度大、透明性好、光亮度高、可室温加压快速固化、耐热性较好，电性能优良。

⑤耐油性和耐寒性好。

2. 环氧树脂材料

（1）环氧树脂泛指分子中含有两个或两个以上环氧基团的有机高分子化合物。环氧树脂的分子结构是以分子链中含有活泼的环氧基团为其特征,环氧基团可以位于分子链的末端、中间或呈环状结构。由于分子结构中含有活泼的环氧基团,因此它们可以与多种类型的固化剂发生交联反应而形成不溶、不熔的具有三向网状结构的高聚物。

（2）环氧树脂的一般性质。

①形式多样。各种树脂、固化剂、改性剂体系几乎可以适应各种应用对形式提出的要求,其范围可以从极低的黏度到高熔点固体。

②固化方便。选用各种不同的固化剂,环氧树脂体系几乎可以在 0～180 ℃温度范围内固化。

③黏附力强。环氧树脂分子链中固有的极性羟基和醚键的存在,使其对各种物质具有很高的黏附力。环氧树脂固化时的收缩性低,产生的内应力小,这也有助于提高黏附强度。

④收缩性低。环氧树脂和所用的固化剂的反应是通过直接加成反应或树脂分子中环氧基的开环聚合反应来进行的,没有水或其他挥发性副产物放出。它们和不饱和聚酯树脂、酚醛树脂相比,在固化过程中显示出很低的收缩性(小于 2%)。

⑤力学性能。固化后的环氧树脂体系具有优良的力学性能。

⑥电性能。固化后的环氧树脂体系是一种具有高介电性能、耐表面漏电、耐电弧的优良绝缘材料。

⑦化学稳定性。通常,固化后的环氧树脂体系具有优良的耐碱性、耐酸性和耐溶剂性。像固化环氧体系的其他性能一样,化学稳定性也取决于所选用的树脂和固化剂。适当地选用环氧树脂和固化剂,可以使其具有特殊的化学稳定性能。

⑧尺寸稳定性。上述的许多性能的综合,使环氧树脂体系具有突出的尺寸稳定性和耐久性。

⑨耐霉菌。固化的环氧树脂体系耐大多数霉菌,可以在苛刻的热带条件下使用。

四、实验步骤

1. PU 树脂实验步骤

（1）实验准备。放置两个纸杯、一根玻璃棒、待使用的硅胶模具,将电子秤清零。

（2）计量。取适量 A 液、B 液分别倒入两个纸杯,PU 树脂的质量混合比是 1∶1。用电子秤先称取适量 A 液 50 g,然后称取同质量的 B 液。称量需精确到小数点后一位,若 A 液和 B 液的质量偏差过大,则可能会使固化物的表面不能完全固化或使固化物的颜色发生偏差。

（3）混合。将已称量好的 B 液倒入 A 液中,然后用金属的刮铲或玻璃棒充分搅拌。若搅拌不均匀,可能会使固化物的表面不能完全固化或使固化物的颜色发生偏差。搅拌时间以 10～20 s 为宜,因 A 液和 B 液混合后会在 1.5～2 min 内固化,故操作时间越快越好。

(4)灌模。充分搅拌均匀后,迅速灌入硅胶模具中。若有真空机,可放入真空机抽掉液体中的水分及空气,工作时间设定为 5 min,待设备恢复常压后可得到收缩小、无气孔的漂亮产品。

(5)脱模。抽完真空后,将灌好 A、B 水的硅胶模放置平面工作台,静置 10～20 min 后,就可以脱模,由于固化反应热会使固化物的温度上升,因此请注意避免发生烫伤事故,如果过早脱模,高温的固化因受冷空气影响,则可能会发生变形。

2. 环氧树脂实验步骤

(1)实验准备。另取 300 mL 玻璃量杯两只、一根玻璃棒、待使用的硅胶模具。

(2)计量。环氧树脂和固化剂的规定配比为 3∶1～8∶1(质量比),由于环氧树脂和固化剂的密度相似,故使用体积量度。此实验采取环氧树脂和固化剂体积比 3∶1 进行配制。

(3)混合。先用一只 300 mL 玻璃量杯量取 50 mL T593 固化剂,再用另一只玻璃量杯量取 150 mL 的 E51 环氧树脂,将量取的固化剂倒入装有环氧树脂的量杯中,在 10～15 ℃ 的室温条件下混合,用玻璃棒搅拌。

(4)灌模。搅拌均匀后,灌入硅胶模具中,静置于工作平面,等待固化。

(5)脱模。环氧树脂室温下完全固化时间为 4～6 h,可通过紫外光灯照射的方式加速固化,待完全固化后可以脱模。

五、注意事项

(1)树脂的固化反应会使固化物温度升高,此时应避免触摸,以免烫伤。

(2)在称取和量取树脂的过程中,盛装容器应保持干燥并避免水分溅入,以免造成影响。

(3)混合环境温度在室温下即可,混合物搅拌过程要慢速,避免混入大量气泡,搅拌到没有明显的黏稠度分布不均的时候,已经基本混合均匀。

(4)环氧树脂在固化的过程中,透光度会有略微下降,颜色也呈现出淡棕黄色并且出现一定程度浑浊,属于正常现象。

(5)使用完毕后的或 A、B 水或树脂和固化剂需密封保存,并置于无阳光直射、无高温的干燥环境中保存。

实 验 报 告

1. 分析环氧树脂和 PU 树脂混合操作步骤中需将固化剂(或 B 水)加入树脂(或 A 水)混合,而非将树脂加入固化剂混合的原因。

2. 比较 PU 树脂和环氧树脂铸造零件成品的效果,并分析优缺点。

实验八　零件加工表面检测实验

一、实验目的

（1）了解几种对机械零件的加工表面精度进行检测的方法。

（2）了解齿轮径向跳动仪、表面粗糙度测量仪、平面度检测仪等仪器设备的使用方法。

（3）学会分析检测结果和产生的原因。

二、实验仪器

齿轮径向跳动测量仪两台、表面粗糙度测量仪两台、平面度检测仪两台。

三、实验设备及原理

1. 齿轮径向跳动测量仪

径向跳动仪结构组成如图2.22所示，被测齿轮定位在左、右顶尖之间，转动齿轮，测头径向进给逐齿与左右齿面接触，通过指示表显示出齿轮径向跳动值。

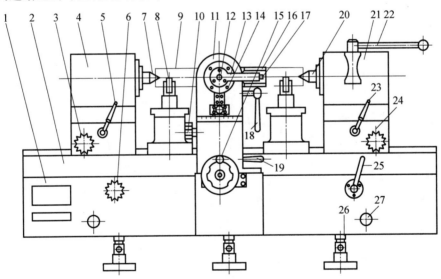

图2.22　径向跳动仪结构组成

1—仪器；2—滑板；3,6,15,24—手轮；4—左顶尖座；5,19,23—锁紧手柄；7—左顶尖；8—测量托架；9—被测齿轮；10—锁紧手轮；11—测量滑座；12—调节螺钉；13—测量支板；14—测头定位机构；16—测微表；17—锁紧钉；18—操作杆；20—右顶尖；21—右顶尖座；22—手柄；25—可转位锁紧手柄；26—地脚螺钉；27—杠孔盖

齿圈径向跳动 ΔF_r 定义为：在齿轮一转的范围内，测头在齿槽内或齿轮上，与齿高中部双面接触，测头相对于齿轮轴线的最大变动量。

如图 2.23(a),球形测头插入被测齿轮齿槽内,与左右齿面接触,以齿轮基准孔的轴线为中心,转动齿轮,从千分表上读数,依次测量所有齿。将各次读数记在坐标图上,如图 2.23(b)所示,取最大读数与最小读数之差作为齿圈径向跳动 ΔF_r。

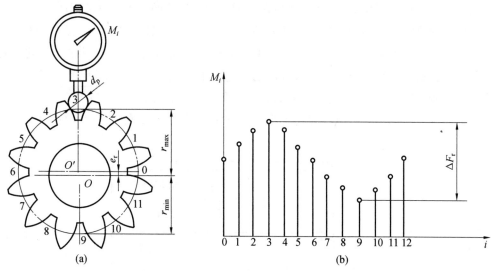

图 2.23　径向跳动测量原理

2. 表面粗糙度测量仪

实验仪器如图 2.24 所示为 2205 型表面粗糙度测量仪,该仪器由传感器、驱动箱、电箱、底座、计算机及打印机组成,能测量多种表面粗糙度参数,测量范围为 $0.001 \sim 50$ μm,示数误差为 R_a、R_y、$R_z < \pm 5\%$。其中,R_a、R_y、R_z 分别是轮廓算术平均偏差、轮廓最大高度和十点平均粗糙度。

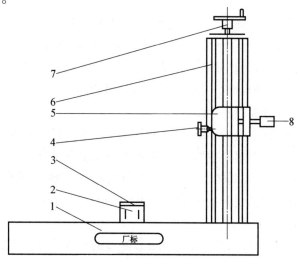

图 2.24　2205 型表面粗糙度测量仪

1—工作台;2—V 形定位块;3—∏形盖板;4—紧固手轮;
5—横臂;6—立柱;7—升降手轮;8—紧固手轮

表面粗糙度是指加工表面具有的较小间距和微小峰谷的不平度。其两波峰或两波谷之间的距离(波距)很小(在 1 mm 以下),属于微观几何形状误差。表面粗糙度越小,则表面越光滑。

　　仪器采用针描法测量,即用测针直接在被测表面画过从而测出工件的表面粗糙度,便携式表面粗糙度测量仪结构组成如图 2.25 所示。测量工件表面粗糙度时,搭在工件表面的传感器探出的极其尖锐的棱锥形金刚石测针沿被测表面滑行,由于被测表面的轮廓峰谷起伏,引起测针的上下位移,因此线圈的电感量发生变化,经过放大及电平转换后进入数据采集系统,计算机自动地将采集的数据进行数字滤波和计算,并将测量结果及图形在显示器上显示或打印输出。其特点是测量迅速方便,测值精确度高,自动化程度高。

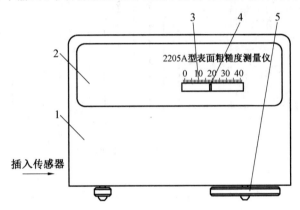

图 2.25　便携式表面粗糙度测量仪结构组成

1—启动手柄;2—燕尾导轨;3—启动手柄限位;4—行程标尺;5—调整手轮

3. 平面度检测仪

　　平面度误差是指被测实际表面对其理想平面的变动量。图 2.26 所示为平面度检测仪结构组成,由仪器主体、变压器和反射镜构成。它可以精确地测量机床或仪器导轨的直线度误差,也可以测量平板等的平面度误差,利用光学直角器和带磁性座的反射镜等附件,还可以测量垂直导轨的直线度误差,以及垂直导轨和水平导轨之间的垂直度误差,与多面体联用可以测量圆分度误差。

　　仪器主体内有一套自准直光学系统,照明灯座 9 可插进套筒内照明十字线分划板,旁向有锁紧螺钉。测微器装在仪器主体上方,外部有测微鼓轮 6、目镜 7 和锁紧螺钉 8。目镜上有视度调整螺旋,可正反旋转,适应不同视力的检测员检测。锁紧螺钉用来分别在互相垂直方向上锁紧测微。仪器主体基面 3 是工作定位面,安放在测量基面上。水准泡 5 用来判断仪器安放是否水平。

　　反射镜 2 制成一整体,底面是工作定位面。测量时可放在基板上或直接置于被测表面上,反射镜朝向仪器主体。水准泡 1 用来判断反射镜是否处于水平位置。

　　用平面度检测仪测量时,是逐段测量实际线各段的斜率变化。仪器主体固定在被测件外,而将反射镜安装在跨距适当的基板,然后在被测表面上依次移动基板,读取反射镜倾角变化的数值,再经过数据处理,可以得到被测表面的直线度误差,如图 2.27 所示。

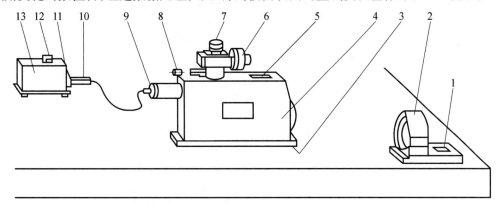

图 2.26　平面度检测仪结构组成

1,5—水准泡;2—反射镜;3—主体基面;4—仪器主体;6—测微鼓轮;7—目镜;8—锁紧螺钉;
9—照明灯座;10—6 V5 W 插头;11—6 V5 W 插座;12—按钮;13—变压器

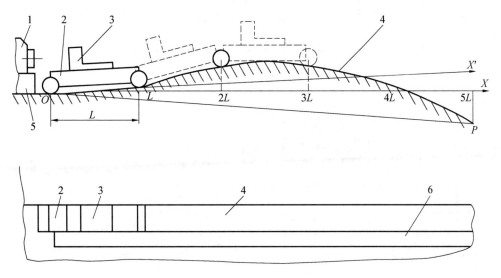

图 2.27　水平面直线度的测量

1—主体;2—反射镜基座;3—反射镜;4—被测表面;5—垫块;6—挡板

对于窄长平面的形状误差,可以用直线度来评价,但对于较宽广平面的形状误差,必须用平面度评价。

一个平面可以看作由任意直线组成的,因此可以由几个剖面的直线度误差来反映该平面的平面度误差。测量平面度误差是测量被测表面上的几个特定剖面(逐一读出各剖面上各测点的读数),然后按选定的基准,以各个被测剖面的直线度误差及相互联系来确定被测表面的平面度误差。

测量剖面的布置通常采用米字形和网格形,如图 2.28 所示。

仪器的光学系统图如图 2.29 所示。

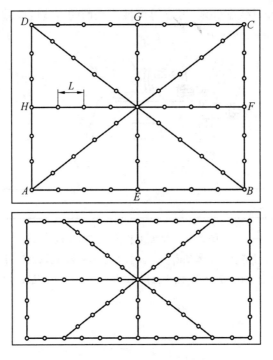

图 2.28   平面测量点的分布

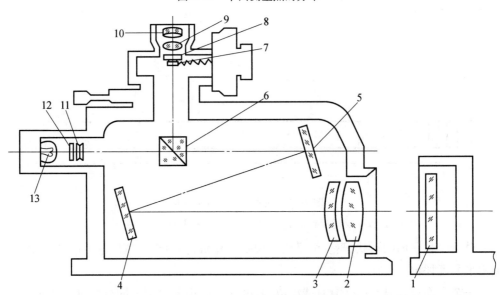

图 2.29   平面度检测仪光学系统图

1—反射镜;2,3—物镜;4,5—反射镜;6—分光棱镜;7,8—分划板

9,10—目镜;11—十字线分划板;12—滤光片;13—光源

　　光源 13 发出的光线照明位于物镜 2、3 焦平面的分划板 11 的十字线,再经分光棱镜 6
反射镜 4、5,被物镜 2、3 呈一束平行光束射向平面反射镜 1。若平面反射镜的反射面垂直
于光轴,光线仍按原路返回,经物镜 2、3、反射镜 4、5 和分光棱镜 6 成像在位于其焦平面

上的分划板 7、8 上,与指针分划线重合,人眼通过目镜 9、10 便能观察到十字像。

若平面反射镜 1 的反射面不垂直于光轴,而有一偏角 α,则十字线的反射光线将有 2α 的偏角,在目镜中的十字像将相对于指标线像位移一个距离 y。α 角与距离 y 的关系式为

$$y = 2f'\alpha$$

即
$$\alpha = y/2f'$$

式中,f' 为物镜的焦距;α 为平面反射镜倾斜角度,以弧度表示。

平面度检测仪原理图如图 2.30 所示。适当选择物镜组焦距 f' 和分划板刻线间距,利用测微读数系统,可测出距离 y,即可算出反射角的偏角值 α。

注:距离 y 与平面反射镜到仪器主体之间的距离无关。

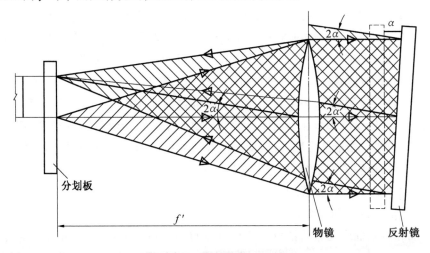

图 2.30   平面度检测仪原理图

四、实验内容和步骤

分别操作三种实验仪器,填写实验记录表格。

1. 齿轮径向跳动测量仪操作步骤

(1)对照实验指导书熟悉仪器结构,找到各构件的位置。

(2)选择合适的测头安装在测量滑座 11 上并用顶丝将其锁紧。测头选取的原则是:测头能够在尺深的中间部位与左右齿面相接触。并近似计算测头直径 $d = 1.68m$(m 为被测齿轮模数)。本实验所用齿轮模数为 3.5。

(3)调整测微表保护螺钉,使测量支板 13 离开初始位置约 5 mm。调节螺钉 12 保证被测齿轮轴无变形,同时测头能在被测齿轮的齿高中部与左右齿面紧密接触。然后,将测微表 16 插入表座,使其测头与测量支板 13 相接触,转动锁紧钉 17,锁紧测微表。再调整测微表保护螺钉,使之在测微表满量程前约 0.01 m 时与测量支板相接触,起到保护测微表的作用。

(4)松开锁紧手轮 10,转动测量滑座 11,使测头与被测齿轮的齿槽母线垂直后,再锁紧手轮 10。然后松开滑板的可转位锁紧手柄 25,转动滑板位移手轮 6 移动滑板 2,使测头对准被测齿轮齿宽的中央。

（5）松开锁紧手柄 19，摇动手轮 15，向前移动测量滑座 11，使测头与被测齿轮在齿高中部与左右齿面相接触，当测微表示值在其半量程左右时锁紧手柄 19。

（6）搬动操作杆 18 使测头从齿槽中退出，同时转动被测齿轮使其转过一齿后松开操作杆，测量下一个齿槽，每测一齿都应将测微表的示值记录下来，当被测齿轮转过一周后，所记录的测微表示值的最大变动量即为该齿轮的径向跳动 ΔF_r 值。测量完毕后，转动操作杆 18，同时拉动测头定位机构 14，使测头与被测齿轮脱开。然后，转动右顶尖移动手柄 22 回缩右顶尖 20，卸下被测齿轮，完成一个测量过程。安装上新的被测齿轮后，向前推进测头定位机构 14，松开测头，即可进行重新测量。

2. 粗糙度测量仪操作步骤

运行表面粗糙度测量软件，放置好被测工件，仔细调整升降手轮，使传感器上的测针接触工件表面，直到电箱测针位移指示器指示处于两个红带之间（最好在中间的黄灯附近）。将传感器向上抬离工件表面，将驱动箱上的启动手柄向左扳到返回（限片）位置，此时传感器被带回到初始位置，然后再把启动手柄转到右端。点击测量按钮，显示测量主程序窗口，点击启动测量按钮，系统开始测量。屏幕窗口显示被测对象的表面轮廓，并自动计算所有的表面粗糙度参数显示在测量参数显示栏中。将结果打印或保存，如需继续测量，重复上述步骤。测量结束后，将启动手柄扳到最左侧，测针远离被测工件，然后关闭电源，先关计算机，最后关控制箱，注意不要在通电时插拔电缆。

3. 平面度检测仪操作步骤

（1）使用前的准备和检查。

用汽油和脱脂棉或绸布清洁仪器主体和附件，清洁被测表面；将照明灯插入仪器主体，接通电源；选择仪器的安放位置，仪器安放一定要稳固可靠，位置合适，宜于观察，测量过程中不得移动仪器主体；安置仪器主体，使与水平调整板或被测表面接触良好，并尽量使物镜光轴与测量方向一致；视度调节，直到能看清分划板上的刻线和刻度为止。

（2）找像。

仪器主体与反射镜处于同一被测面上：当反射镜离主体较近时，摆动反射镜，明亮的十字线就会出现在视场中。当反射镜离主体较远时，可以使用取景器快速找像，其方法如下：首先把取景器放在反射面的前面，在取景器内找到由主体物镜出射光束所形成的绿色十字簇，然后摆动反射镜，这时在取景器内可以看见一簇十字随着反射镜摆动而移动，当两簇十字重合时，十字像就会出现在主体目镜的视场中央。

仪器主体与反射镜面不在同一被测平面上：仪器主体应放在水平调整板上，使主体物镜中心和反射镜中心大致处于同一高度，调整水平调整板，使仪器主体上和反射镜上的水准泡具有同一示值，然后重复（2）的做法。

（3）读数。

十字线的像成在分划板之后，转动测微鼓轮，使指标线在视场内移动，直到指标线套在十字线内，即可从刻线分划板及测微鼓轮上的刻度值读出数值。测微鼓轮一圈等分100 格，相当于刻线分划板上一格。

(4)水平面的直线度测量操作方法。

松开测微器锁紧螺钉 8,转动目镜 7 以使测微鼓轮 6 的轴线方向平行于物镜光轴的方向,拧紧锁紧螺钉 8,锁住目镜 7;将反射镜安置在专用的基座上固定(测量中二者不能相对移动);将基座安放在被测表面上,找像;按照图 2.27,将基座放在被测表面的 0 ~ L mm位置上读数;然后按首尾相接的原则,每隔 L mm(如 200 mm)依次移动安装反射镜的基座并读数,直至被测表面的末端。

(5)平面度的测量方法。

测量点的布置如图 2.28 所示,以被测平面的中心 O 为起点,找出反射镜基座有效长度 L 的整数倍的 A、B、C、D、E、F、G、H 各点,构成一个稍小于被测平面外形的矩形。如果对角线 AC 能满足 L 的整数倍,则可将测量点布置成图 2.28 的形式。

分别测平面上各个方向的平直度误差,操作同(4)。

(6)直线度数据处理与计算。

直线度误差通常是以被测表面测量方向上各点至某一参考线之间的距离来计量的。参考线一般是取被测表面的起始点和末端点的连线,如图 2.27 所示,连线 OP 就是参考线。

但是,按照上述的测量方法所得到的读数值却是以平行于主体物镜光轴的直线(即以平行于仪器主体底面的直线)作为参考线的,该直线通过测量的起点 O,相当于图 2.27 中的直线 OX,称为测量参考线。

为了求得直线度误差,应对数据做以下处理。

首先计算出被测方向上各点至 OX 之间的距离,从图 2.27 中可以看出,某个测量点到 OX 之间的距离就是该测量点之前各点读数值的累计,用公式表示是:

$$\sum \Delta_i \varepsilon$$

式中,i 为被测点位置的顺序数,$i=1,2,3,\cdots$;Δ_i 为各被测点的读数值(测微鼓轮的分隔值),其中,$\Delta_0=0$,Δ_1 为反射镜基座在 0 ~ L 位置的读数值;ε 为测微鼓轮的分度值。

对本仪器而言,当安放反射镜的有效长度为 L mm 时,鼓轮格值所代表的线度值为 $L/200\ \mu m$。当 $L=200$ mm 时,$\varepsilon=1\ \mu m$。

根据上式的计算结果,就可以用作图法求出被测表面的直线度误差。在测量方向上相对于测量参考线的形状曲线。

为计算和作图方便,通常使 $\Delta_0=\Delta_1=0$,可以这样处理:

以通过 $i=0$ 和 $i=1$ 两测点的直线 OX 作为测量参考线,那么个测量点的读数值 Δ_i 应为

$$\overline{\Delta}_i=\Delta_i-\Delta_1$$

式中,Δ_i 为以平行于主体物镜光轴的直线(OX)作为测量参考线使个测量点的读数值,$i=1,2,3,\cdots$。

被测方向上任一测量点到测量参考线 OX 之间的距离为

$$\sum \overline{\Delta}_i \varepsilon$$

表 2.3 就是按照上式利用作图法计算直线度误差的计算表格,图 2.31 是根据表 2.3

的数据作出的直线度误差曲线,各点到参考线 OP 之间的距离就是直线度误差。

表 2.3　直线度误差计算表 1

被测点位置的顺序数	i	0	1	2	3	4	5	6
反射镜基座位置(示例)	L/mm	0	200	400	600	800	1 000	1 200
各点的读数值(示例)	$\Delta_i/$格	0	78.8	79.3	88.0	80.0	72.5	65.8
	$\overline{\Delta}_i/$格	—	0.0	+0.5	+9.2	+1.2	−6.3	−13.0
示值	$\overline{\Delta}_i\varepsilon/\mu\mathrm{m}$	—	0.0	+0.5	+9.2	+1.2	−6.3	−13.0
各点至测量参考线的距离	$\sum\overline{\Delta}_i\varepsilon/\mu\mathrm{m}$	—	0.0	+0.5	+9.7	+10.9	+4.6	−8.4

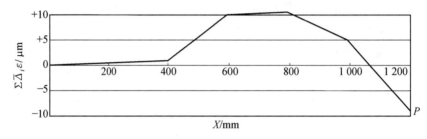

图 2.31　直线度误差曲线 1

如果要用计算方法直接得到各点的直线度误差数值,只要将 OP 绕点 O 回转到 OX 的位置就行,这时曲线上各点到 OP 的距离,亦即各点的直线度误差 H_i 可以用下式表示:

$$H_i = \sum\overline{\Delta}_i\varepsilon - (i/n)\sum\overline{\Delta}_i \cdot \varepsilon$$

式中,n 为整个测量长度上所分的段数。

表 2.4 是直接计算出直线度误差的表格,图 2.32 是根据表 2.4 的数据作出的直线度误差曲线。

表 2.4　直线度误差计算表 2

被测点位置的顺序数	i	0	1	2	3	4	5	6
反射镜基座位置(示例)	L/mm	0	200	400	600	800	1 000	1 200
各点的读数值(示例)	$\Delta_i/$格	0	78.8	79.3	88.0	80.0	72.5	65.8
	$\overline{\Delta}_i/$格	—	0.0	+0.5	+9.2	+1.2	−6.3	−13.0
示值	$\overline{\Delta}_i\varepsilon/\mu\mathrm{m}$	—	0.0	+0.5	+9.2	+1.2	−6.3	−13.0
各点至测量参考线的距离	$\sum\overline{\Delta}_i\varepsilon/\mu\mathrm{m}$	—	0.0	+0.5	+9.7	+10.9	+4.6	−8.4
示值的算术平均值	$1/n\sum\overline{\Delta}_i\varepsilon/\mu\mathrm{m}$	(−8.4)/6=−1.4						
参考线旋转修正值	$i/n\sum\overline{\Delta}_i\varepsilon/\mu\mathrm{m}$	—	−1.4	−2.8	−4.2	−5.6	−7.0	−8.4
直线度误差/μm	$H_i=\sum\overline{\Delta}_i\varepsilon - i/n\sum\overline{\Delta}_i\varepsilon$	0.0	+1.4	+3.3	+13.9	+16.5	+11.6	0.0

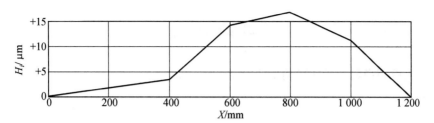

图 2.32　直线度误差曲线 2

五、注意事项

(1)爱护设备,操作设备动作要轻,以免损坏设备。

(2)完成实验后,学生应将实验台和实验室打扫干净,并将桌椅物品摆放整齐。

实 验 报 告

1. 作出被测齿轮的径向跳动坐标图,求出 ΔF_r。

2. 记录被测样件的粗糙度值。

3. 参照直线度误差计算表 2 记录被测物体边沿的直线度,画出直线度误差曲线。

4. 除了实验用到的检测仪器,你还知道哪些测量仪器? 这些仪器用于检测哪种工件的哪些精度?

5. 试列举其中一种检测仪器的应用场合。

第 3 章

工程材料组织观察与性能测试

本章主要介绍工程材料组织观察与性能测试相关的实验方法与设备，包括：金相试样的制备流程、腐蚀剂的选用与腐蚀方法；金相显微镜结构、成像原理；金相显微镜观察金相组织的使用方法、典型金属材料金相组织分析；金属热处理设备、热处理工艺制定、热处理操作方法；金属材料硬度测试原理、硬度计的结构及其使用方法等。通过本章的学习，学生可以掌握工程材料的组织分析及性能测试相关的原理、设备与方法，便于学生在机械设计、机械加工过程中能正确地进行选材与问题分析。

实验一　金相显微镜的使用及金相试样的制备

一、实验目的

(1)了解并掌握金相试样制备的基本方法。
(2)了解金相显微镜的基本原理、构造,掌握金相显微镜的使用方法。

二、实验设备与材料

(1)金相显微镜。
(2)供观察显微组织的工业纯铁金相试样。
(3)供制备金相试样用的碳钢试块(45钢)。
(4)预磨机、抛光机、吹风机。
(5)抛光液、无水乙醇等。
(6)金相砂纸及玻璃板。

三、实验原理

1. 金相显微镜的构造及其使用方法介绍

(1)金相显微镜的构造。

金相显微镜是用来观察金属材料显微组织的基本仪器,金相显微镜和生物显微镜的外观形貌有些相似。其不同点在于生物显微镜是利用透射光来观察透明物体;而金相显微镜则是利用反射光将不透明物体放大后进行观察的,不同类型的金相显微镜(卧式、立式、台式等)在构造上是不一样的。金相显微镜主要由光学系统和机械系统构成。

在光学系统里,金相显微镜主要包括物镜、目镜及一些辅助光学元件,显微镜放大原理图如图3.1所示。物镜和目镜分别由两组透镜组成,对着物体的一组透镜组成物镜,对着眼睛的一组透镜组成目镜。物镜、目镜都各由复杂的透镜系统组成。

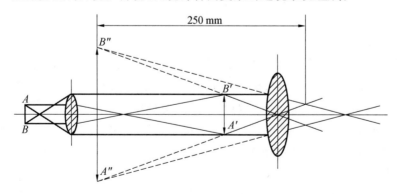

图3.1　显微镜放大原理图

物镜使物体 AB 形成放大的倒立的实像 A′B′，目镜再把 A′B′放大成仍然倒立的虚像 A″B″，其位置正好在人眼的明视距离处，即距人眼睛 250 mm 处。我们在显微镜中看到的就是这个虚像 A″B″。物镜的作用是把物体放大，它是显微镜中最主要的部件。物镜质量的高低是决定显微镜成像时清晰与否的主要因素。目镜的作用是将物体已放大的实像再进一步放大，物镜和目镜都是由特制的光学玻璃制成的。

在金相显微镜下观察到的金属金相显微组织是金属表面组织，是通过物镜和目镜两次放大后的成像，故金相显微镜总的放大倍数应是物镜的单独放大倍数乘以目镜的单独放大倍数，即

$$M = M_{物} \times M_{目} = \frac{L}{f_{物}} \cdot \frac{D}{f_{目}}$$

式中，M 为显微镜的放大倍数；$M_{物}$ 为物镜的放大倍数；$M_{目}$ 为目镜的放大倍数；D 为明视距离 250 mm 处；$f_{目}$ 为目镜的焦距；$f_{物}$ 为物镜的焦距；L 为显微镜光学镜筒长度。

表 3.1 为台式金相显微镜放大倍数。

表 3.1　台式金相显微镜放大倍数

目　　镜	物　　镜				
	10×	20×	40×	50×	100×
10×	100×	200×	400×	500×	1 000×
12.5×	125×	250×	500×	625×	1 250×

台式金相显微镜的光学路线是在显微镜的底座后安装一个 6 V、15 W 的白炽灯泡作为反射光源。光线通过聚光镜组先变成一束平行光，由反光镜反上来，经过放有滤光片（绿色、黄色、蓝色的特制玻璃）的孔径光阑，使光线变成单色光以减少透镜的色差。根据需要光的强弱不同，孔径光阑可放大也可缩小，它可以限制边缘光线，再进一步消除透镜的球面差，减少镜头的色差和球面差，有助于提高成像的质量和清晰度。可得到一小束平行单色光穿过视场光阑，射到与镜体轴线成 45°角的半反射镜上，半反射镜把一部分光线反射上来，穿过物镜的孔径照到金相显微样品的表面上，使显微组织得到均匀的照明。光线自试样表面反射后再进入物镜，透过半反射镜到达棱镜，经过折射后再进入物镜，透过半反射镜到达棱镜，经过折射后到达目镜。

以 XJB-1 型金相显微镜的光学系统为例，如图 3.2 所示，由灯泡 1 发出一束光线，经聚光镜组 2 会聚和反光镜 7 反射，聚集在孔径光 8 上，然后经过聚光镜组 3 再度将光线聚集在物镜的后焦面上，最后光线通过物镜，使试样表面得到充分均匀的照明。从试样反射回来的光线复经物镜组 6、辅助透镜 5、半反射镜 4、辅助透镜 10 及棱镜 11 和棱镜 12，形成一个倒立放大的实像。该物像再经场透镜 13 和目镜 14 的放大，即得到所观察试样表面的放大图像。

机械系统是金相显微镜的另一个组成部分，不同类型的金相显微镜的机械系统差别很大。台式金相显微镜的机械系统较简单，主要有镜架、镜筒、底座、载物台和装物镜用的

146

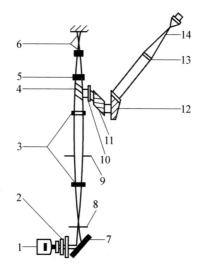

图 3.2　XJB-1 型金相显微镜的光学系统

1—灯泡;2,3—聚光镜组;4—半反射镜;5,10—辅助透镜;6—物镜组;7—反光
镜;8—孔径光阑;9—视场光阑;11,12—棱镜;13—场透镜;14—目镜

物镜转换盘,以及调节焦距用的粗动和微动螺旋等基本部件,有的带有照相装置,需要时可将其装上进行拍摄。

以实验室选用国产 MR2100 金相显微镜为例对整体构造进行说明。MR2100 金相显微镜构造图如图 3.3 所示。由照明系统、显微镜调焦装置、载物台(样品台)、孔径光阑、视场光阑及目镜等部分组成。

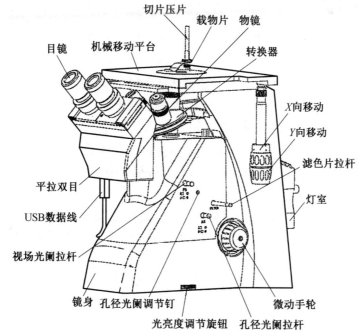

图 3.3　MR2100 金相显微镜构造图

MR2100 金相显微镜结构参数如下。

①放大倍率:10×～500×。

②目镜:10×/18,12.5×/14,16×/11。

③物镜:10×/0.25;平场物镜:20×/0.4,50×/0.75。

④带内置数码摄像系统。

CMOS 参数:CMOS 光电传感器,最大分辨率 2 048×1 560,有效像素 300 万,帧率 11 fps,USB2.0 接口供电。

手动采集软件:自动曝光(自动曝光目标值可调)。高速 USB2.0 接口;支持多组参数保存功能;支持 JPG、BMP 格式图像捕捉;支持 Windows XP、Vista 32bit、Windows 7、Windows 2000。

⑤标准柯勒照明设计:12 V20 W 卤素灯,预置中心、亮度连续可调;内置黄、绿、蓝滤色片,拉杆切换机构,其中,蓝色、绿色片为多层膜式色温片,使目视效果等同日光效果;可变孔径光阑,便于匹配不同的物镜及不同的观察需求;可变视场光阑,可实现只聚焦目标区域,显微影像更为卓越,并可有效消除杂散光。

⑥调焦机构:同轴粗微调,微调精度 2 μm;移动行程 8 mm;粗调手轮松紧可调节。

⑦转换器:三孔转换器,转动舒适,定位明确可靠。

⑧载物台:矩形双层活动平台180 mm×155 mm,移动范围40 mm×30 mm;配备圆形场光圈、水滴形场光圈各一个。

(2)金相显微镜操作方法及注意的事项。

①初次操作显微镜前,要先了解显微镜的基本原理、构造以及各种主要附件的位置及作用等。

②将显微镜的光源插头插在变压器上,通过 6 V 变压器接通电源。切勿直接插入 220 V 电源,以免烧毁灯泡。

③根据需要选择目镜,将所选择好的物镜转换到固定位置。

④待观察的试样必须用吹风机完全吹干,特别是氢氟酸浸蚀过的试样的吹干时间要长些,因氢氟酸对镜片有严重腐蚀作用。

⑤对于倒置型显微镜,使用时把试样放在样品台中心,观察面朝下。注意金相试样要干净,不得残留浸蚀剂,以免腐蚀镜头。不可用手触摸镜头。镜头不干净时,要用镜头纸擦拭。

⑥调焦距时应先将载物台下降,使样品尽量靠近物镜(不能接触),然后用目镜观察。先用双手旋转粗调旋钮,使载物台慢慢上升,待看到组织后,再调节微调焦旋钮,直至图像清晰为止。

⑦适当调节孔径光阑和视场光阑,以获得最佳质量的图像。

⑧操作要细心,操作幅度不能过大,容易损伤镜头。使用时如果出现故障应立即报告辅导教师,不得自行处理。

⑨使用完毕,关闭电源,将显微镜恢复到使用前的状态,并填写使用记录本,经辅导教

师检查无误后,方可离开实验室。

2. 金相试样制备

由于光学金相显微镜结构比较简单,实用性大,应用广泛,因此至今仍是研究分析材料微观组织最常用的一种方法。这种方法使人们可以了解到材料微观组织的一些客观特征和通过某些工艺处理以后引起的组织变化规律,从而作为材料科学研究方法应用于机理分析、新合金、新工艺等方面的研究。特别是在应用于生产实践中时,是控制产品质量和监测与改进工艺的重要常规实验方法之一。

光学金相显微分析的第一步是制备试样,将待观察的试样表面磨制成光亮无痕的镜面,然后经过浸蚀才能分析组织形态。如因制备不当,在观察面上出现划痕、凹坑、水迹、变形层或浸蚀过深过浅都会影响正确的分析。因此,制备出高质量的试样对组织分析是很重要的。

金相试样制备过程一般包括取样、镶嵌、磨光、抛光和浸蚀五个步骤,金相试样流程图如图3.4所示。

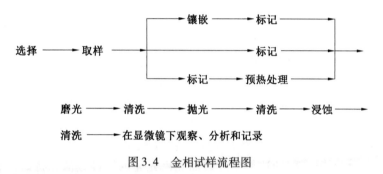

图3.4　金相试样流程图

(1)取样。显微试样的选取应根据被检验材料或零件的特点、加工的工艺及研究的目的,选取具有代表性的部位。如研究铸件组织时,由于铸件中往往存在偏析现象,故应从铸件表面到中心同时取样进行观察;对于锻件或轧材,则应同时在横向及纵向上取样,以便分析非金属夹杂物的分布及表层缺陷;对于分析失效零件损坏原因时,则除在损坏部位取样外,还须在非损坏部位取样,以便做对比分析。截取试样可用锯、砂轮片切割或锤击打下等方法。试样的尺寸通常采用高为 12～15 mm,直径为 12～15 mm 的圆柱体或边长为 12～15 mm 的正方体。截取下来的试样应该用锉刀锉平面或在砂轮机上磨平,但磨平表面时应注意及时用水冷却,以免金属过度发热而使内部组织发生变化。

(2)镶嵌。过于细小或形状特殊的试样,须将其镶嵌在塑料、电木粉或低熔点合金中,或用专用夹具夹持,以便在磨光和抛光时易于握持。

(3)磨光。磨光分为粗磨和细磨两步。

①粗磨。粗磨的目的是将试样修整成平整、合适的形状。钢铁材料通常在砂轮上进行,磨时须随时用水冷却,以免试样由于温升过高而引起组织变化。不做表面层金相检验的试样,应将磨面边缘倒出圆角,以免抛光时撕裂抛光布。

②细磨。细磨的目的是消除粗磨时留下的较深的磨痕,为抛光做准备。细磨可由手

工磨或机械磨。手工磨通常在一套粗细不同的金相砂纸上依次进行。

磨光过程中用的砂纸应为耐水砂纸或砂带。耐水砂纸、砂带系以树脂为黏结剂将人造或天然磨料黏结在抗水纸基表面制成的一种耐水涂附磨具。耐水砂纸上涂覆的磨料为刚玉(Al_2O_3)或碳化硅(SiC)。金相用的细砂纸一般均为碳化硅。一般砂纸可由粗到细选用以下几个粒度：$120^\#$、$180^\#$、$240^\#$、$320^\#$或 0 号、01 号、02 号、03 号等。细磨时依次用 0 号磨到 03 号，先在 0 号砂纸上，将试样沿一个方向向前推送，用力须均匀，回程时应将试样微微提起，不与砂纸接触，以保证磨面平整，不产生弧度，观察表面磨痕均匀后，将试样用水清洗，然后更换 01 号砂纸，这时磨的方向应调转 90°，使新磨痕与上一道磨痕的方向垂直。当磨到上一号的磨痕全部消失后，可再更换更细一号的砂纸继续磨制，如此继续下去，直至试样平整、光滑（注意：在 0、01、02 号砂纸上磨完后要用水清洗试样表面）。除上述手工磨制的方法外，为了加快磨制的速度，可采用在转盘上贴水砂纸的预磨机进行机械磨制。水砂纸按粗细有 200、300、400、500、600、700、800、900 号等。用水砂纸盘磨试样时，应不断加水冷却，同样，每换一号砂纸时，试样用水冲洗干净，并调换 90°方向。

（4）抛光。磨光后的试样表面尚留有细微磨痕，须经抛光才能除去。抛光有机械抛光、电解抛光、化学抛光等方法，使用最广的是机械抛光。

机械抛光是在专用的抛光机上进行的。抛光机为一个由电动机带动的旋转圆盘，转速为 $200 \sim 600$ r/min。抛光盘上铺以不同材料的抛光布。粗抛时常用帆布或粗呢，精抛时用绒布、细呢或丝绸等。抛光过程中要不断滴加 Al_2O_3、Cr_2O_3 或 MgO 的悬浮液。试样的磨面应均匀地、平正地压在旋转的抛光盘上，压力不宜过大，并从边缘到中心不断地做径向往复移动，待试样表面磨痕全部消失且呈光亮的镜面时，抛光始可告毕。

电解抛光是利用阳极腐蚀法使试样表面变得光亮的一种方法。将试样放入电解槽中，作为阳极，用不锈钢板或铅板作阴极，使试样和阳极之间保持一定的距离（$20 \sim 30$ mm），通以直流电源，使试样表面凸起部分被溶解而抛光。电解抛光的速度快，表面光洁且不产生塑性变形，能更确切地显示真实的金相组织；但工艺规范不易控制。

化学抛光是依靠化学溶液对试样表面的电化学溶解而获得抛光表面的抛光方法。它操作比较简单，就是将试样浸在抛光液中，或用棉签沾上抛光液，在试样磨面上来回擦拭几秒到几分钟，依靠化学腐蚀作用使表面发生选择性溶解，从而得到光滑平整的表面。普通钢铁材料可采用以下抛光液配方：草酸 6 g，蒸馏水 100 mL，过氧化氢（双氧水）100 mL，氢氟酸 1.5 mL。抛光后应用清水和无水酒精清洗。

（5）浸蚀。抛光后的试样若直接放在显微镜下进行观察，只能看到光亮的表面及某些非金属夹杂物等，如欲观察金属内部的组织，则必须用浸蚀剂浸蚀试样表面。钢铁材料常用的浸蚀剂为 3%～4%硝酸酒精溶液或 4%苦味酸酒精溶液。浸蚀方法可用棉签沾上浸蚀剂擦拭试样表面，也可将试样磨面浸入浸蚀剂中。浸蚀时间应适当，时间太短，则浸蚀不足，金相组织不能充分显示；时间过长，则试样表面过于发暗，组织也显示不清。浸蚀后应立即用清水冲洗，再用无水酒精擦净，最后用滤纸吸干或吹风机吹干。这样制得的金相显微试样即可在显微镜下进行观察。

试样浸蚀后之所以能显示金属内部的组织，主要是浸蚀剂与试样表面之间产生了化学溶解作用及电化学作用。对于纯金属或单相合金来说,浸蚀是一个纯化学溶解过程。由于晶界上原子排列规则性差,具有较高的能量,因此晶界易被浸蚀而成凹沟,在显微镜下观察时,由于凹沟处对投射的光线发生散射,因此晶界呈现为黑色线条,从而显示出纯金属或固溶体的多面体晶粒。若浸蚀较深时,则浸蚀剂将对晶粒本身起溶解作用。由于磨面上每个晶粒原子排列的位向不同,所以每一个晶粒的溶解速度并不一致,因而使试样表面出现轻微的凹凸不平,在显微镜光线照射下,即显示出明暗不一的晶粒。

3. 金相试样观察

使用金相显微镜观察所制备样品的组织结构,检验制样效果。观察金属试样组织前,首先检查金相显微镜电源连接、目镜和物镜配置、粗调微调旋钮、光源、载物台移动等,之后开启电源。调节物镜转化器,使放大倍数为100倍,将待观察的试样放置于载物台上,调节显微镜粗调手轮缓慢调节物镜与载物台的距离,调节过程必须缓慢,避免物镜直接撞击接触到试样,直到目镜中出现影像,再调节微调手轮,直至影像清晰;通过载物台调节旋钮,观察试样其他区域的组织形貌并分析。图3.5给出了工业纯铁、20钢、45钢、球铁试样在放大倍数为100倍的显微组织。转换放大倍数,重复上述操作,观察50倍、200倍、500倍下的组织结构。

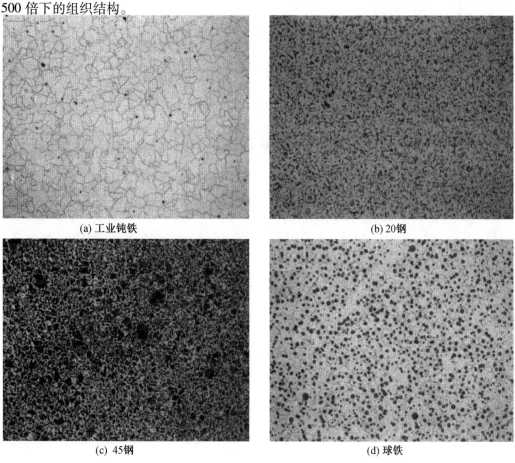

(a) 工业钝铁

(b) 20钢

(c) 45钢

(d) 球铁

图3.5　试样的显微组织(100×)

四、实验内容

（1）观察普通金相显微镜的构造与光路。

（2）操作显微镜，比较熟练地掌握聚焦方法，了解孔径光阑、视场光阑和滤光片的作用。

（3）熟悉物镜、目镜上的标志并合理选配物镜和目镜。

（4）按粗磨→细磨→机械抛光→浸蚀的步骤制备金相试样。

（5）对比观察浸蚀前、浸蚀后试样的金相形貌。

五、实验步骤及注意事项

（1）利用教具讲解金相显微镜的原理、构造、使用与维护。

（2）在具体了解了显微镜构造和光路的基础上，分组练习显微镜的操作流程，直到熟练掌握。

（3）试样制备。分析待磨试样材质，用砂布粗磨，采用金相砂纸根据磨样流程进行精磨，后续进行机械抛光。

（4）浸蚀前观察。对试样抛光后，用酒精洗净、吹干，进行浸蚀前的检查。

（5）配备腐蚀液。根据不同材料试样，配置不同腐蚀液，便于后续进行试样浸蚀。

（6）浸蚀。将抛光合格的试样置于浸蚀剂中浸蚀，浸蚀过程注意防护，戴手套及护目镜，注意浸蚀时间。

（7）观察金相组织。对浸蚀后的试样进行观察，联系化学浸蚀原理对组织形态进行分析。如浸蚀程度过浅，可重新浸蚀；若过深，待重新抛光后才能浸蚀；若变形层严重，反复抛光、浸蚀1～2次后再观察组织清晰度的变化。

实 验 报 告

1. 熟悉显微镜结构,在显微镜结构图中标注各零部件。

2. 简述金相试样的制备过程,总结在制备试样的过程中应注意的问题。

实验二　铁碳合金平衡组织显微观察与分析

一、实验目的

(1)观察铁碳合金的室温平衡组织。

(2)加深理解铁碳合金中成分、组织和性能之间的关系。

二、实验设备与材料

1.设备

预磨机、抛光机、金相显微镜。

2.材料

(1)各号金相砂纸、金刚石研磨膏。

(2)铁碳合金金相试样及腐蚀剂见表3.2。

表 3.2　铁碳合金金相试样及腐蚀剂

序号	试样名称	腐蚀剂	显微组织
1	工业纯铁	4%硝酸酒精	F
2	20 钢	4%硝酸酒精	F+P
3	45 钢	4%硝酸酒精	F+P
4	T8 钢	4%硝酸酒精	P(片状)
5	T12 钢	4%硝酸酒精	$P+Fe_3C_{II}$
6	亚共晶白口铸铁	4%硝酸酒精	$P+Fe_3C_{II}+L'e$
7	共晶白口铸铁	4%硝酸酒精	$L'e$
8	过共晶白口铸铁	4%硝酸酒精	$Fe_3C_1+L'e$

三、实验原理

根据铁碳合金状态图可知,组成铁碳合金的室温平衡组织均由两个基本相 F 和 Fe_3C 组成,但由于含碳量不同,铁素体与渗碳体的析出条件、相对数量及分布情况不同,因而呈现出各种不同的组织形态,铁碳合金的平衡组织如图 3.6 所示。

1.工业纯铁的室温平衡组织($w(C) < 0.021\ 8\%$)

含碳量小于 0.021 8%的碳钢为工业纯铁,其组织为 100%F。铁素体硬度低,一般为 HB80～102,强度也较低,但塑性和韧性很好,所以低碳钢适合作为冷冲压材料,如图3.7 所示。

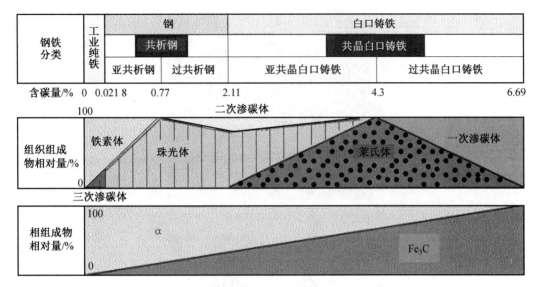

钢铁分类	工业纯铁	钢			白口铸铁		
		共析钢			共晶白口铸铁		
		亚共析钢	过共析钢	亚共晶白口铸铁		过共晶白口铸铁	
含碳量/%	0　0.021 8		0.77	2.11		4.3	6.69

图 3.6　铁碳合金的平衡组织

图 3.7　工业纯铁室温下的组织（100×），4%硝酸酒精溶液浸蚀

2. 碳钢的室温平衡组织（0.021 8% <w(C)<2.11%）

共析钢（0.77%C）：组织为 100% 的珠光体（P），由于它自高温奥氏体冷却到 723 ℃时发生共析反应，所得到的 F 和 Fe_3C 是交替形成层状组织，所以称为片状珠光体。在倍数低的显微镜下观察到片状珠光体中铁素体呈白亮色，而渗碳体呈黑色条纹状。渗碳体和铁素体都保持呈平面，由于渗碳体不易被浸蚀，故凸出于铁素体之上。片状珠光体硬度为 HB190～230，随片层间距的变小硬度升高，如图 3.8 所示。

亚共析钢（0.021 8% <w(C)<0.77%），组织均由 F 和 P 所组成。当含碳量增加时，珠光体的相对百分数增大，而铁素体随之减少。当铁素体量增多时，它呈块状分布，而当钢的含碳量接近共析成分时，F 和 P 的边界呈网状分布，如图 3.9 所示。

过共析钢（0.77% <w(C)<2.11%），组织为 P+Fe_3C_{II}，Fe_3C_{II} 由奥氏体中析出，由于量少而沿奥氏体晶界析出，随后奥氏体转变成珠光体，故 Fe_3C_{II} 呈网状分布在 P 的边界上。渗碳体的硬度很高，达 HB800。它是一种硬而脆的相，所以强度、塑性都很差，故单纯

图 3.8　共析钢室温下的组织(400×)(T8 钢),4%硝酸酒精溶液浸蚀

图 3.9　亚共析钢室温下的组织(400×)(30 钢),4%硝酸酒精溶液浸蚀

Fe_3C 或以 Fe_3C 为基体的铁碳合金,没有实用价值,只有在铁素体上配合适量的 Fe_3C 才可用,如图 3.10 所示。

图 3.10　过共析钢室温下的组织(400×)(T12 钢),4%硝酸酒精溶液浸蚀

3. 白口铸铁的室温平衡组织(2.11%<w(C)<6.77%)

共晶白口铸铁(4.3%C):组织全部为 L′e,如图 3.11 所示。其中黑色粒状为珠光体,白色基体为渗碳体,二者的机械混合物为 L′e。渗碳体中包括共晶 Fe_3C 和 Fe_3C_{II},但由于连在一起而分辨不清。莱氏体的硬度很高,达 HB700。

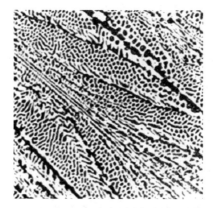

图 3.11　共晶白口铸铁室温下的组织(200×)

亚共晶白口铸铁(2.11% < w(C) < 4.3%):组织为 P+Fe$_3$C$_{II}$+L'e,其中大块黑色的组织为珠光体,其周围白色区为二次渗碳体(量少,但与渗碳体连在一起分辨不清),点状区为 L'e 组织,如图 3.12 所示。

图 3.12　亚共晶白口铸铁室温组织(400×),4% 硝酸酒精溶液浸蚀

过共晶白口铸铁(4.3% < w(C) < 6.67%):组织由 L'e 及初生的一次渗碳体(白条状)组成,由于一次渗碳体长大速度快,所以呈大的片状,其他点状区的组织为莱氏体,如图 3.13 所示。

图 3.13　过共晶白口铸铁室温组织(400×),4% 硝酸酒精溶液浸蚀

157

四、实验内容

（1）在低倍显微镜下观察工业纯铁、20 钢、45 钢、T8 钢、T12 钢、亚共晶白口铸铁、共晶白口铸铁、过共晶白口铸铁的平衡组织状态。

（2）根据工程材料所学知识，分析不同含碳量下碳钢组织特点。

五、实验步骤

（1）按照实验一的步骤，制备金相试样。

（2）选择合适的腐蚀剂，对所制备的试样进行腐蚀。

（3）试样腐蚀后用酒精清洗、吹风机吹干后准备观察。

（4）调整显微镜，观察不同倍数下试样的金相组织。

实 验 报 告

1. 分析含碳量对铁碳合金组织的影响规律。

2. 绘制工业纯铁、共析钢(亚共析钢、过共析钢)组织示意图。

实验三　铸铁及其显微组织观察与分析

一、实验目的

（1）了解各种铸铁的显微组织特征。

（2）分析各种铸铁的基体与石墨的形状、大小、数量及分布对铸铁性能的影响。

（3）了解不同热处理对铸铁组织和性能的影响。

二、实验设备与材料

1. 设备

预磨机、抛光机、金相显微镜。

2. 材料

（1）各号金相砂纸、金刚石研磨膏。

（2）各种金相试样及浸蚀剂，见表3.3。

表 3.3　铸铁显微组织试样

序号	试样名称	处理状态	浸蚀剂	显微组织
1	普通灰口铁	铸态	4%硝酸酒精溶液	$P_基 + G_片$
2	普通灰口铁	铸态	4%硝酸酒精溶液	$F_基 + G_片$
3	普通灰口铁	铸态	4%硝酸酒精溶液	$(P+F)_基 + G_片$
4	变质灰口铁	变质	4%硝酸酒精溶液	$P_基 + G_{细片}$
5	可锻铸铁	退火	4%硝酸酒精溶液	$F_基 + G_{团絮}$
6	可锻铸铁	正火	4%硝酸酒精溶液	$P_基 + G_{团絮}$
7	球墨铸铁	铸态	4%硝酸酒精溶液	$(P+F_少)_基 + G_球$熊猫眼状
8	球墨铸铁	退火	4%硝酸酒精溶液	$F_基 + G_球$
9	球墨铸铁	正火	4%硝酸酒精溶液	$P_基 + G_球$
10	球墨铸铁	等温淬火	4%硝酸酒精溶液	$B_下 + B_上 + M + A' + G_球$

三、实验原理

工业铸铁是以 Fe-C-Si 为基础的复杂铁基合金，含碳量在 2% ~4% 的范围内，此外还有锰、磷、硫等元素。

铸铁的金相组织是由石墨和基体组成。石墨是典型的非金属相，具有反射的多色性和各向异性。光学显微镜下观察一般呈浅灰色。国际标准的石墨形态分六类，即片状、水草状、蠕虫状、团絮状、团状、球状。铸铁中金属基体的形态在不同条件下的变动很大。常见的组织为珠光体、铁素体、珠光体–铁素体、渗碳体、贝氏体、马氏体、莱氏体等。铸铁的分类方法很多,按碳在铸铁中存在的状态和石墨形态,可分为白口铸铁、灰铸铁、球墨铸铁、蠕墨铸铁、可锻铸铁。白口铸铁组织在铁碳合金室温平衡组织实验中已做介绍,本实验中不再赘述。

1. 灰铸铁

灰铸铁断口呈灰色,石墨的形状主要是片状,以不同的方式分布在基体上。灰铸铁结晶过程中,约有80%的碳以石墨形式析出。石墨的存在对铸铁起着双重作用:一方面剧烈地降低基体金属的机械性能;另一方面可提高一些使用性能和工艺性能,如耐磨性、消震性和比较小的缺口敏感性。

灰铸铁的基体组织有三种:铁素体基体(图3.14);珠光体基体(图3.15);铁素体+珠光体基体(图3.16)。

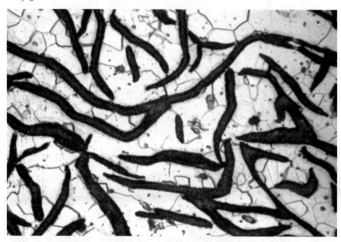

图3.14　铁素体基体灰铸铁(铸态,$F_{基}$+$G_{片}$)

图3.15　珠光体灰铸铁(铸态,$P_{基}$+$G_{细片}$)

图 3.16　铁素体+珠光体基体灰铸铁(铸态,$(P+F)_{基}+G_{片}$)

2. 球墨铸铁

球墨铸铁是由铁液经球化处理(在铁水中加入少量球化剂(镁或镁-稀土合金)和孕育剂(硅铁)),使铁水中的石墨大部分或者全部呈球状析出而制成。因球状石墨对基体的割裂作用较轻,割裂的圆形缺口应力集中也最小,故其强度、塑性及韧性都比较好。通过控制铸造及热处理工艺可以控制基体组织。常用的是珠光体基体或除珠光体以外同时还存在少量铁素体的组织(图 3.17～3.20)。

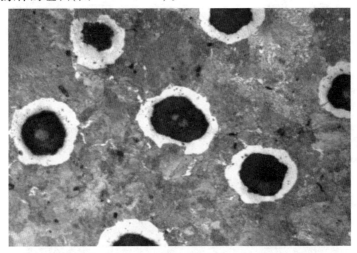

图 3.17　球墨铸铁(铸态$(P+F_{少})_{基}+G_{球}$,熊猫眼状)

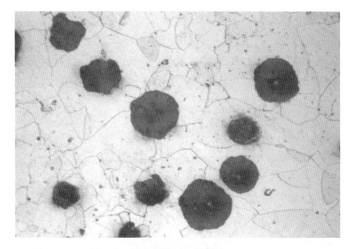

图 3.18　球墨铸铁(退火, $F_{基}$+$G_{球}$)

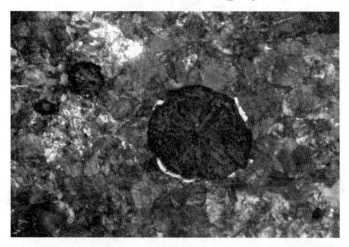

图 3.19　球墨铸铁(正火, $P_{基}$+$G_{球}$)

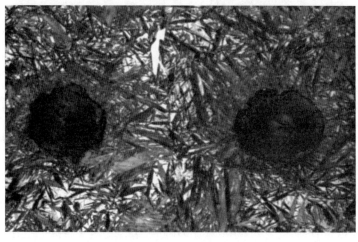

图 3.20　球墨铸铁(淬火, M+$B_{下}$+A+$G_{球}$)

3. 蠕墨铸铁

蠕墨铸铁是指石墨大部分呈蠕虫状,同时伴有少量球状石墨铸铁。蠕墨铸铁具有良好的力学性能和铸造性能,并具有良好的导热性、抗热疲劳性和耐磨性,常用于气缸体、气缸盖、排气管、涡轮增压器、废气进气壳、铸铁模等重要零部件,如图3.21所示。

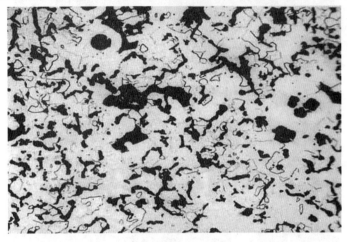

图3.21　蠕墨铸铁(铸态,F+P)

4. 可锻铸铁

可锻铸铁是由一定化学成分的白口铸铁,经石墨化退火得到的,其组织特征是石墨呈团絮状分布。基体也分为三种,其中最常用的是铁素体基体可锻铸铁,如图3.22所示。因为它具有较好的塑性。

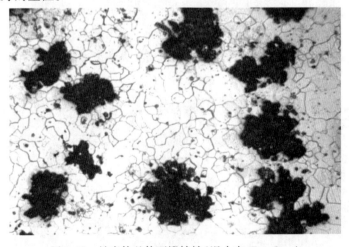

图3.22　铁素体基体可锻铸铁(退火态,$F_{基}$+$G_{团絮}$)

在铸铁中还会有磷共晶组织,这是由于铸铁中含磷较多,磷在铁中溶解度很小,且随含碳量的增加还要减小,故不可避免要出现磷共晶组织(Fe_3P-Fe_3C-α_{Fe}),磷共晶组织一般呈白亮棱角块状,性质硬而脆。在铸铁中含有适量磷共晶时,能提高其耐磨性,但会增加铸铁的脆性。

四、实验内容

（1）认真观察全部金相试样，分析热处理工艺对组织的影响规律。

（2）按规定画下各金相组织示意图，用箭头标明其中各种组织所在的位置，标记材料处理状态，浸蚀剂及放大倍数。

五、实验步骤

（1）根据实验要求制备实验试样。

（2）配置试样浸蚀液。

（3）调整显微镜，观察不同倍数下试样组织特点。

（4）分析组织形态及对性能的影响规律。

实 验 报 告

1. 简述实验目的。

2. 试述石墨形态对铸铁性能的影响。

3. 绘制铁素体基体灰铸铁、铸态球墨铸铁的组织示意图。

实验四 铜及其合金显微组织分析

一、实验目的

（1）熟悉常见铜及其合金的显微组织。

（2）了解铜及其合金的成分、组织、性能之间的关系。

二、实验设备与材料

1. 设备

预磨机、抛光机、金相显微镜。

2. 材料

（1）各号金相砂纸、金刚石研磨膏。

（2）各种金相试样及浸蚀剂，见表3.4、表3.5。

表 3.4 各种金相试样状态

序号	材料	处理状态	浸蚀剂	显微组织
1	纯铜	形变退火	盐酸氯化高铁水溶液	退火孪晶
2	H70 单相黄铜	退火	盐酸氯化高铁水溶液	α
3	H62 双相黄铜	退火	盐酸氯化高铁水溶液	α(白)+β′(黑)
4	QAL10	铸态	盐酸氯化高铁水溶液	α(白色)+(α+δ)共析(黑色)
5	ZQSn-10	铸态	硫酸过氧化氢水溶液	α+(α+δ)共析
6	QAL10	固溶处理 930 ℃淬火	盐酸氯化高铁水溶液	β′(相当于 M)
7	铅黄铜	铸态	盐酸氯化高铁水溶液	α(白)+β(灰色)+Pb(黑色颗粒)

表 3.5 铜及铜合金宏观浸蚀剂名称、组成及适用范围

序号	名称	组成	适用范围	备注
1	硝酸水溶液	硝酸 20～50 mL 水 80～50 mL	加工铜、黄铜、青铜及白铜	试剂成分可依合金成分及状态变动,试样浸蚀应在溶液中摇动或擦拭,出现黑膜可用稀硝酸溶液擦洗
2	硫酸过氧化氢水溶液	硫酸 20～50 mL 过氧化氢 80～50 mL	锡青铜、白铜	可以有效避免硝酸溶液浸蚀时产生的黑膜
3	盐酸氯化高铁水溶液	盐酸 30 mL 氯化高铁 10 g 水 120 mL	加工铜、黄铜	

续表 3.5

序号	名称	组成		适用范围	备注
4	醋酸铬酸氯化高铁水溶液	醋酸 5%铬酸水溶液 10%氯化高铁水溶液 水	20 mL 10 mL 5 mL 100 mL	普通黄铜变形组织	深浸蚀,水的比例可以改变

三、实验原理

铜及铜合金性能优异,纯铜的导热、导电性仅次于银,在大气及许多介质中,其耐蚀性也较好,具有较高的强度和塑性,加工性比较好,可以根据需要制备铸件、板材、带材、箔材、管材等产品,是现代机械、电气、制冷、化工、仪表、飞机、船舶、航天、电子等行业不可缺少且难以替代的材料。

1. 纯铜

工业纯铜呈浅玫瑰肉红色,大气条件下容易在其表面形成氧化膜后呈紫色,故一般称为紫铜。在脱氧不良好的铜中,组织上可以看到与铜形成共晶混合物的 Cu_2O,当大量的 Cu、Cu_2O 的共晶分布在铜的晶界上时,会使铜变脆。铜在冷变形过程中,具有明显的加工硬化现象,冷变形铜才退火时,会产生再结晶,如图 3.23 所示。再结晶的程度和晶粒的大小显著影响铜的性能。

图 3.23 纯铜形变退火(内含退火孪晶)

2. 铜锌合金

锌能大量固溶于铜中,随着黄铜中含锌量的增加,固态下可出现 α、β、γ 三种相,通常把位于 α 相区的合金称为 α 黄铜(图 3.24),位于 α+β 相区的合金称为 α+β 黄铜,位于 β 相区的合金称为 β 黄铜。α+β 黄铜的组织在浸蚀后,α 仍保持光亮的颜色,而 β 则变黑,如图 3.25 所示,α 和 β 的量的比例取决于合金的成分。

3. 铜锡合金

铜锡合金的强度较纯铜、黄铜更高且耐腐蚀,可焊接,耐低温,冲击时不产生火花,应用较广。铸造的 α 青铜具有树枝状组织,经 700 ~ 750 ℃ 长时间退火,可以使树枝消除而形成均匀的多边形晶粒的组织,如图 3.26 所示。

图 3.24　H70 单相黄铜(退火,α)

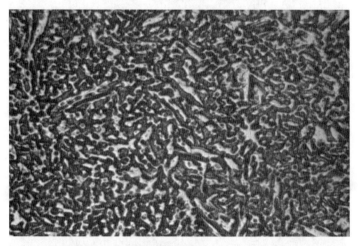

图 3.25　H62 双相黄铜(退火,α(白)+β′(黑))

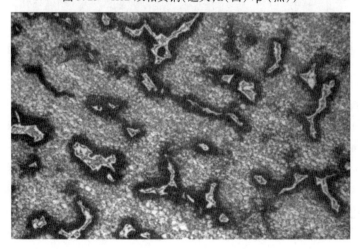

图 3.26　ZQSn–10(铸态,α+(α+δ)共析)

4. 铜铝合金

含 10% Al 的合金中,除 α 固溶体外,同时还存在着共析组织,浸蚀后在低倍显微镜下观察,α 固溶体是亮的,共析体是黑的。铸态组织如图 3.27 所示,热处理组织如图 3.28 所示。

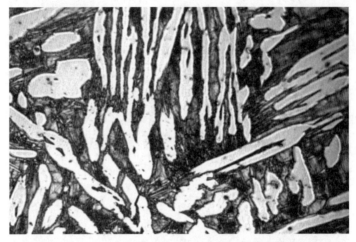

图 3.27 QAL(铸态,α(白色)+(α+γ2)共析(黑色))

图 3.28 QAL10(固溶处理 930 ℃淬火,β′(相当于 M))

5. 铅黄铜

铅在黄铜中以独立的游离铅相存在。游离铅有润滑作用,可以作减摩零件。显微组织如图 3.29 所示,灰色基体为 β 相,白色条、针状卵形为 α 相,黑色颗粒为游离铅相。

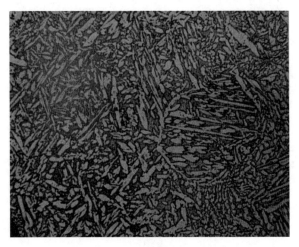

图 3.29　铅黄铜(铸态,α+β+Pb)

四、实验内容

(1)明确实验目的。

(2)认真观察全部金相试样,联系其化学成分、处理工艺进行思考。

(3)按规定画下各金相组织示意图,用箭头标明其中各种组织所在的位置,记下材料处理状态、浸蚀剂及放大倍数。

(4)分析所观察合金的成分、组织、性能之间的关系。

五、实验步骤

(1)根据实验要求制备铜及铜合金试样。

(2)配置试样浸蚀液。

(3)调整显微镜,观察不同倍数下试样组织特点。

(4)分析组织形态及其对性能的影响规律。

实 验 报 告

1. 简述实验目的。

2. 试述铅对黄铜组织及性能的影响。

3. 绘制铸态下铜锡合金、铜铝合金组织示意图。

实验五　铝及其合金显微组织分析

一、实验目的

(1)熟悉常见铝及其合金的显微组织。
(2)了解以上合金的成分、组织、性能之间的关系。

二、实验设备与材料

1. 设备

预磨机、抛光机、金相显微镜。

2. 材料

(1)各号金相砂纸、金刚石研磨膏。
(2)各种金相试样及浸蚀剂,见表3.6、表3.7。

表3.6　铝合金金相试样

序号	材料	处理状态	浸蚀剂	显微组织
1	ZAlSi$_{12}$	铸态	0.5%氢氟酸水溶液	Si 块+(α+Si 针)共晶
2	ZAlSi$_{12}$	钠盐变质处理	0.5%氢氟酸水溶液	α 枝晶+(α+Si)共晶
3	ZAlMg$_{10}$	铸态	0.5%氢氟酸水溶液	α+β+黑色 Mg$_2$Si
4	Al-Cu 合金	铸态	混合酸	α 固溶体+Al$_2$Cu 共晶体
5	Al-Mn 合金	铸态	混合酸	α +Al$_6$Mn 化合物
6	Al-Sn 合金	铸态	0.5%氢氟酸水溶液	α +(α+Sn)共晶体

表3.7　铝及铝合金宏观浸蚀剂名称、组成及适用范围

序号	名称	组成	适用范围	备注
1	0.5%氢氟酸水溶液	氢氟酸　0.5 mL 蒸馏水　100 mL	适用于大多数铝基铝合金,含铁和镍的化合物成棕黄色,Si 呈深红色	室温 时间:10～40 s
2	混合酸	氢氟酸　2 mL 盐酸　3 mL 硝酸　5 mL 蒸馏水　190 mL	除含硅高的铝合金外,适用于大多数铝基铝合金	室温 时间:10～30 s

三、实验原理

铝合金密度小、塑性好、比强度高、耐腐蚀性和导电性好,此外,其力学性能和工艺性较好,在工业中应用非常广泛。铝合金通常按性能、用途和热处理特性或者合金系列进行

分类。如图 3.30 所示,合金元素总含量低于 D 点时,当合金加热到一定温度后可形成单相 α 固溶体,塑性好,便于加工,称为变形铝合金。当合金元素总含量大于 D 点时,适用于铸造,称为铸造铝合金。铸造铝合金根据不同添加元素分不同系列,主要分为 Al‐Si 合金、Al‐Cu 合金、Al‐Zn 合金和 Al‐Mg 合金。

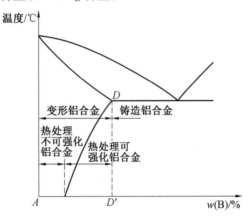

图 3.30　铝合金分类示意图

1. 铝硅合金

如图 3.31 所示,含硅量为 $10\% \sim 13\%$ 的铝硅合金未经变质,白色基体为 α 固溶体,灰色条片状为共晶硅或初晶硅。图 3.32 为钠盐变质处理后的显微组织,枝晶状为出生 α 固溶体,共晶硅呈球状和椭圆状,属于典型的变质处理组织。

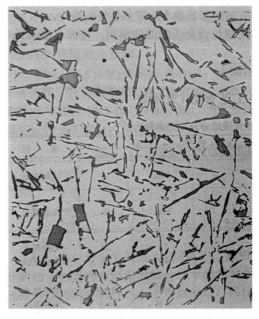

图 3.31　ZAlSi$_{12}$ 铸造未变质处理

2. 铝镁合金

该系合金是铝合金中密度最小、耐腐蚀性最强的合金。图 3.33 为 ZAlMg$_{10}$ 显微组织

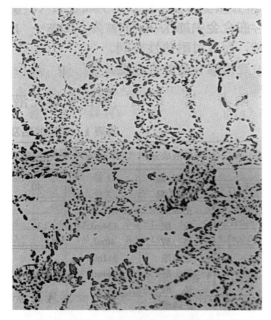

图 3.32　ZAlSi$_{12}$ 钠盐变质处理

图,其中镁含量在 9.5% ~ 11%。图中白亮色不定形相是 β(Al$_8$Mg$_5$),属于脆性相,容易降低合金的力学性能和抗腐蚀性能。黑色块状和分叉状相是 Mg$_2$Si,沿晶灰色密集点状为 Al$_3$Fe 相。

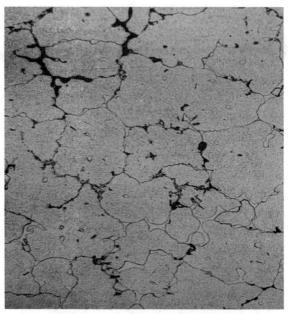

图 3.33　ZAlMg$_{10}$ 铸态未热处理

3. 铝铜合金

图 3.34 为 Al–Cu 合金显微组织图,其中含 Cu 量为 50%。图中大块白色为 α 固溶

体,基体为 Al_2Cu 共晶体。

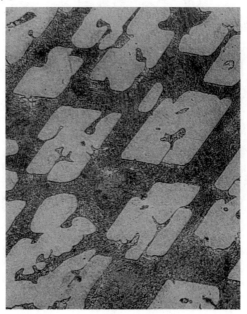

图 3.34　Al-Cu 合金铸态未热处理

4. 铝锰合金

铝锰合金属于防锈铝合金,锰是合金的主要添加元素,随着含锰量的增加,合金的强度也随之提高。图 3.35 为 Al-Mn 合金显微组织图,其中含 Mn 量为 10%。图中白色基体为 α 固溶体,其上针片状为 Al_6Mn 化合物。

图 3.35　Al-Mn 合金铸态未热处理

5. 铝锌合金

锌在铝中有很大的溶解度,在铸造冷却凝固过程中不发生分解,可获得相当的固溶强化。图 3.36 为 Al-Sn 合金显微组织图,其中含 Sn 量为 5.5%。沿晶界分布的深灰色为 (α+Sn)共晶体,亮灰色为 Al_3Ni,白色椭圆形颗粒为 Al_2Cu。

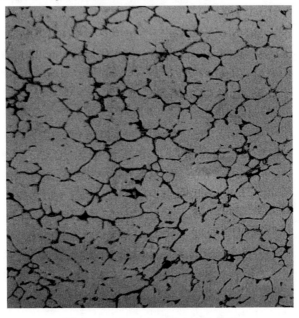

图 3.36　Al-Sn 合金铸态未热处理

四、实验内容

(1)明确实验目的。

(2)根据本实验提供的铝合金试样,制备金相试样。

(3)配置相关浸蚀剂,在显微镜下观察不同放大倍数下试样的金相组织。

(4)分析所观察合金的成分、组织、性能之间的关系。

五、实验步骤

(1)根据金相试样制备流程,制备铝合金金相试样。

(2)根据不同成分试样,配置不同浸蚀剂。

(3)试样浸蚀后观察其显微组织。

(4)按规定画出各金相组织示意图,用箭头标明其中各种组织所在的位置,记下材料处理状态、浸蚀剂及放大倍数。

(5)联系其化学成分、处理工艺分析组织与性能之间的关系。

实 验 报 告

1. 简述铝合金分类原则。

2. 试述钠盐变质处理对铝硅合金组织的影响规律。

3. 绘制铸态下铝铜合金、铜锌合金组织示意图。

实验六 轴承合金显微组织分析

一、实验目的

(1)熟悉常见轴承合金的显微组织。

(2)了解以上合金的成分、组织、性能之间的关系。

二、实验设备与材料

1. 设备

预磨机、抛光机、金相显微镜。

2. 材料

(1)各号金相砂纸、金刚石研磨膏。

(2)各种金相试样及浸蚀剂,见表3.8。

表3.8 轴承合金试样及浸蚀剂

序号	材料	处理状态	浸蚀剂	显微组织
1	ZSnSb11Cu6 合金	卧式离心浇注	4% 硝酸酒精溶液	α 固溶体 +SnSb+Cu6Sn5
2	铅基轴承合金	立式静止浇注	4% 硝酸酒精溶液	(Pb+Sb) 共晶体+Sb 固溶体+Cu2Sn
3	ZCuPb20Sn5 合金	立式静止浇注	4% 硝酸酒精溶液	α 固溶体+Pb
4	ZAlSn6Cu1Ni1 合金	金属型浇注	4% 硝酸酒精溶液	α 固溶体+(α+Sn) 共晶体+Al3Ni

三、实验原理

轴承是重要的耐磨零件,常用在发动机和动力机械上,制造轴承内衬的金属材料称为轴承合金。由于轴承的工作条件比较恶劣,因此轴承合金除了具有足够的力学性能,如硬度、强度、塑性、韧性等,还应具有良好的耐磨性、抗疲劳性、耐腐蚀性、导热性等。生产中广泛应用的滑动轴承材料主要包括锡基轴承合金、铅基轴承合金、铜基轴承合金、铝基轴承合金。轴承合金的金相组织主要有两大类型:一类为软基体、硬质点的金相组织,如锡基轴承合金和铅基轴承合金;另一类为硬基体、软质点的金相组织,如铜铅轴承合金和铝锡轴承合金。

1. 锡基轴承合金

图3.37为ZSnSb11Cu6卧式离心浇注条件下的显微组织。α固溶体(黑色的底)的基体上分布着白色的方块状、多边形和三角形的SnSb化合物,以及针状和星形的白色化合物Cu6Sn5。

2. 铅基轴承合金

铅基轴承合金的成分是81.5% Pb、17% Sb 和1.5% Cu。立式静止浇注条件下的组织如图3.38所示,基体为Pb+Sb 共晶体,白色方块为Sb 固溶体,白色针状为Cu2Sn。

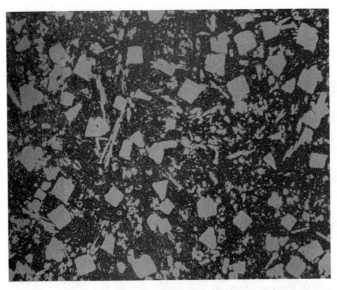

图 3.37　ZSnSb11Cu6 合金组织

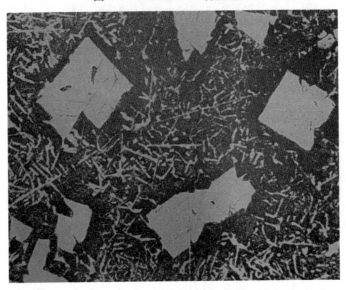

图 3.38　铅基轴承合金组织

3. 铜基轴承合金

ZCuPb20Sn5 合金组织如图 3.39 所示,中小点块状 Pb 均匀分布在铜基 α 固溶体上。采用立式静止浇注工艺时,易得到力学性能较高的 Pb 呈点块状均匀分布的金相组织,合金硬度为 HV80。

4. 铝锡轴承合金

铝锡轴承合金常用的有低锡铝基轴承合金及高锡铝基轴承合金,图 3.40 为低锡铝基轴承合金显微组织。含锡量为 6% ,其中基体为 α 固溶体,灰色为(α+Sn)共晶体,亮灰色为 Al3Ni 相。

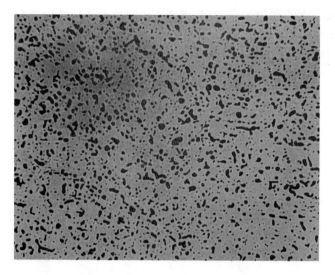

图 3.39　ZCuPb20Sn5 合金组织

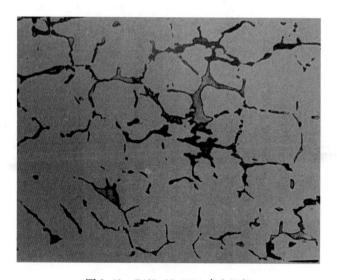

图 3.40　ZAlSn6Cu1Ni1 合金组织

四、实验内容

（1）明确实验目的。

（2）根据本实验提供的合金试样，制备金相试样。

（3）配置相关浸蚀剂，在显微镜下观察不同放大倍数下试样的金相组织。

（4）分析观察本实验所提供试样的显微组织，了解不同轴承合金的组织形态。

五、实验步骤

（1）根据金相试样制备流程，制备轴承合金金相试样。

（2）根据不同成分试样，配置不同浸蚀剂，试样浸蚀后观察其显微组织。

（3）按规定画下各金相组织示意图,用箭头标明其中各种组织所在的位置,记下材料处理状态、浸蚀剂及放大倍数。

（4）联系其化学成分、热处理工艺,分析组织与性能之间的关系。

实 验 报 告

1. 简述轴承合金的组织特点。

2. 绘制铸态下锡基轴承合金组织示意图。

实验七　钢的热处理综合实验

一、实验目的

（1）了解钢的热处理的基本工艺和操作方法。

（2）认识碳钢经不同热处理后的显微组织。

（3）了解碳钢经热处理后，在组织和性能上的变化。

二、实验设备和材料

1. 设备

（1）箱式电炉和控温仪表。

（2）洛氏硬度计。

（3）台式金相显微镜。

（4）预磨机、抛光机。

（5）淬火用相关器材。

2. 材料

（1）45 钢、T12 钢原钢样及热处理过的钢样各一套。

（2）各号金相砂纸、金刚石研磨膏。

三、实验原理

1. 热处理工艺规范

钢的热处理是将钢在固态下，通过采用适当的方式对材料或工件进行加热、保温和冷却，以获得预期的组织结构与性能的工艺。

热处理是机械零件及工具加工制造过程中的重要工序。通过热处理工艺可以有效改善工件的组织和性能。

热处理工艺方法较多，但其过程都是由加热、保温、冷却三个阶段组成的。热处理工艺曲线示意图如图 3.41 所示。热处理的工艺参数主要包括加热温度、保温时间、冷却速度。选择正确、合理的参数是热处理操作的关键。

（1）加热温度的选择。

铁碳相图是确定热处理加热温度的重要理论依据。另外，热处理目的、工件形状和尺寸、材料种类及加工方法均对加热温度的选择有重要影响。加热温度过高将导致奥氏体晶粒急剧长大，冷却后出现粗大的热处理组织。加热温度不够，合金未充分奥氏体化，第二相未能完全熔解，也会产生组织缺陷。表 3.9 为一些常见铁碳合金不同含碳量的临界温度。

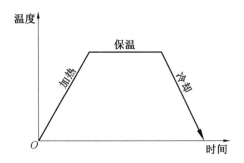

图 3.41　热处理工艺曲线示意图

表 3.9　各种不同成分碳钢的临界温度(部分)

类别	钢号	临界点/℃			
		A_{c1}	A_{c3} 或 A_{ccm}	A_{r1}	A_{r3}
碳素结构钢	20	735	855	680	835
	30	732	813	677	835
	40	724	790	680	796
	45	724	780	682	760
	50	725	760	690	750
	60	727	770	695	721
碳素工具钢	T7	730	770	700	743
	T8	730	—	700	—
	T10	730	800	700	—
	T12	730	820	700	—
	T13	730	830	700	—

(2)保温时间。

保温时间是热处理过程中,为达到工艺要求而恒温保持的一段时间。广义的保温时间是工件的升温时间、热透时间和保温时间的总和。因此,保温时间与加热设备、工件体积及工艺本身的要求等都有关系。一般来说,精确确定加热时间比较复杂。对于碳钢放进预先已加热至选定加热温度的炉内加热,如果是火焰炉、电炉,所需保温时间大约为 1 min/mm(直径或厚度);如果是盐溶炉,时间为 15 ~ 20 s/mm,合金钢保温时间应增加 25% ~40%。

回火时的加热、保温时间应与回火温度结合起来考虑。一般来讲,低温回火时,为了稳定组织、消除内应力,使零件在使用过程中性能与尺寸稳定,回火时间要长一些,一般不少于 1.5 h。高温回火时可不宜过长,过长会使钢过分软化,对有的钢种甚至造成严重的回火脆性,一般为 1 h 左右。

(3)冷却方式。

冷却是热处理的关键工序,它是决定钢的最终组织与性能的重要工艺参数,同一种碳钢在不同冷却速度下冷却,会得到不同的转变产物(图3.42)。常采用的冷却介质有炉冷、空冷、风冷、油冷、水冷等,表3.10是常用淬火介质的冷却能力。

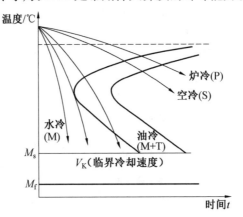

图 3.42 共析钢 CCT 曲线

表 3.10 常用淬火介质的冷却能力

淬火的介质	冷却速度/(℃·s^{-1})	
	650~550 ℃	300~200 ℃
18 ℃的水	600	270
20 ℃的水	500	270
50 ℃的水	100	270
74 ℃的水	30	200
10% NaCl 的水溶液 18 ℃	1 100	300
10% NaOH 的水溶液 18 ℃	1 200	300
10% NaCO$_3$ 的水溶液 18 ℃	800	270
肥皂水	30	200
矿物油	150	30
变压器油	120	25

2. 不同热处理工艺后钢的基本组织

索氏体:片状渗碳体与铁素体的层片相间的机械混合物,层片分布比珠光体细密,高倍显微镜下才能分辨出来,是由奥氏体过冷直接得到的。

回火索氏体:淬火钢在高温回火后得到的组织,具体的金相特征为铁素体的基体上分布着细的颗粒状渗碳体。这些小粒状碳化物分布得很均匀,所以它的综合机械性能好、碳钢经热处理后可得到这种回火索氏体组织,其铁素体已呈等轴状,已没有针状形态。

屈氏体:也是珠光体类型的组织,是渗碳体和铁素体层片相间的机械混合物,但它的层片比索氏体还细密。在一般光学显微镜下无法分辨,只有在电子显微镜下才能分辨出其中的层片,是由奥氏体过冷直接得到。

回火屈氏体:淬火钢经中温回火后得到的组织,其金相特征是原来的条状或片状马氏体的形态还未完全破坏,第二相渗碳体析出在其上,这些渗碳体颗粒很细小,以致在光学显微镜下难以分辨。

马氏体:它是碳在 α-Fe 中的过饱和固溶体。马氏体形态按含碳量高低分两种,即板条马氏体和片状马氏体。

板条马氏体:低碳钢或低碳合金钢淬火后得到组织为板条马氏体组织,其金相组织特征是大小差不多的细马氏体条定同平行排列成束状,在束与束之间位相差较大,在一个原始奥氏体晶粒内可形成几个位向不同的马氏体领域(束),韧性较好。

片状马氏体:在含碳量较高的钢中经淬火后得到马氏体呈片状(也称针状、透镜状、竹叶状),它与条状马氏体主要区别在于条状马氏体中每束的一根根马氏体之间是平行的,而且长度也大约相同,而片状马氏体中片间不互相平行。在一个奥氏体晶粒内形成的第一片马氏体较粗大,往往横穿整个奥氏体晶粒,将奥氏体晶粒加以分割,使后形成的马氏片大小受到限制,所以片状马氏体的大小尺寸不一,其间还残留奥氏体。

回火马氏体:马氏体经低温回火后,得到的组织为回火马氏体组织。它仍保持原有片状马氏体的形态,但由于在低温下回火,有极小的碳化物析出,所以回火马氏体易受浸蚀,在金相显微镜下观察比淬火马氏体稍暗一些。

贝氏体:贝氏体分三种金相形态,上贝氏体、下贝氏体和粒状贝氏体。

上贝氏体:亦称针状贝氏体,其组织特征是条状铁素体大致平行排列,渗碳体分布于铁素体条间,其间距决定了铁素体条的宽度,一般比珠光体间距大,但渗碳体条的分布是断断续续的。上贝氏体强度较低,故生产中应尽量避免这一组织。

下贝氏体:亦称针状贝氏体,其组织特征是针状铁素体内有碳化物沉淀,碳化物的位向与铁素体长轴为 55°~60°,针状呈黑色,易腐蚀,与回火马氏体相似。

粒状贝氏体:其组织是由铁素体和铁素体所包围的小岛状组成,岛状组织刚形成时为高碳奥氏体,其后转变的三种情况是分解为铁素体和碳化物;发生马氏体转变;仍保持高碳奥氏体。

碳钢经退火、正火后可得到接近平衡的组织,而淬火后或淬火又进行不同温度的回火后,则得到不平衡组织。这些不平衡组织与平衡组织相比,其性能发生了很大变化。如回火屈氏体、回火索氏体与屈氏体、索氏体由于组织的改变而引起性能上的变化很大。回火屈氏体、回火索氏体都是由回火马氏体经不同温度(中温、高温)回火得到组织,它的渗碳体都是颗粒状的,但均匀地分布在 α 相(铁素体)基体之上,其综合机械性能好,尤其是回火索氏体综合机械性能尤为突出。而一般所说的屈氏体和索氏体是由奥氏体过冷直接形成的组织,它的渗碳体呈片状,其层片越细,则塑性变形的抗力越大,强度、硬度越高,塑性及韧性则有所下降,综合机械性能不好。图 3.43 为过冷奥氏体等温转变产物及形貌。

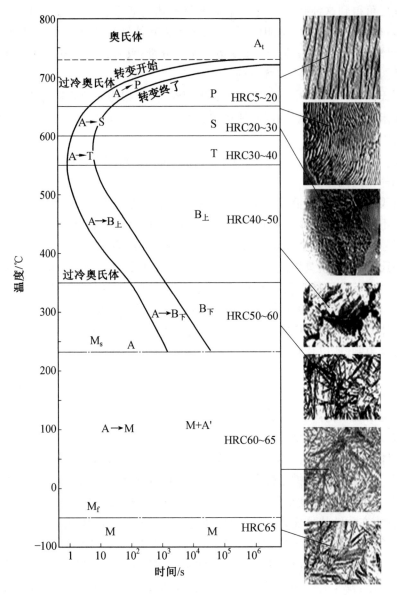

图 3.43　过冷奥氏体等温转变产物及形貌

四、实验内容

（1）制定 45 钢、T12 钢热处理工艺。

（2）观察各种金相组织。

（3）按照表 3.11 所示工艺进行实验。

表 3.11　45 钢和 T12 钢经不同热处理后的显微组织

试样材料	热处理工艺	显微组织特征	放大倍数
45 钢	退火:860 ℃	珠光体+铁素体(呈亮白色块状)	400×
	正火:860 ℃	细珠光体+铁素体(块状)	400×
	淬火:760 ℃	针状马氏体+部分铁素体(白色块状)	400×
	淬火:860 ℃	细针马氏体+残余奥氏体(亮白色)	400×
	淬火:860 ℃	细针马氏体+屈氏体(暗黑色块状)	400×
	淬火:1 000 ℃	粗针状马氏体+残余奥氏体(亮白色)	400×
	860 ℃水淬和 200 ℃回火	细针状回火马氏体(针呈暗黑色)	400×
	860 ℃水淬和 400 ℃回火	针状铁素体+不规则粒状渗碳体	400×
	860 ℃水淬和 600 ℃回火	等轴状铁素体+粒状渗碳体	400×
T12 钢	退火:760 ℃球化	铁素体+球状渗碳体(细粒状)	400×
	淬火:780 ℃水冷	细针马氏体+粒状渗碳体(亮白色)	400×
	淬火:1 000 ℃水冷	粗片马氏体+残余奥氏体(亮白色)	400×

注:上述所用试样均采用4%硝酸酒精溶液作浸蚀剂。

五、实验步骤及注意事项

(1)实验前检查设备、工具及实验材料,熟悉设备使用流程及注意事项。

(2)制定好的热处理工艺规范,经教师检查无误后可进行热处理操作。

(3)当炉温达到设计温度后,将工件装入炉内,保温时要注意控温仪表是否正常,发现问题及时报告教师。

(4)淬火冷却时,应迅速地将试样放入冷却介质(水或油)中,并不停地搅动试样,注意不要将试样露出液面。

(5)淬火后的试样用砂纸磨掉氧化皮,按照金相试样制备流程制备热处理试样。

(6)观察、分析热处理后的显微组织。

实 验 报 告

1. 简述实验目的。

2. 根据显微镜中组织的特点,画出所观察的各种显微组织示意图。

3. 分析成分、热处理加热温度、冷却速度对组织的影响。

实验八　金属材料硬度测定

一、实验目的

(1)了解材料硬度测定原理及方法。
(2)了解布氏和洛氏硬度的测量范围及其测量步骤和方法。
(3)了解显微硬度的测量范围及方法。

二、实验设备及试样

1.设备

布氏硬度计、洛氏硬度计、维氏硬度计。

2.试样

45 钢退火状态、正火状态、淬火状态及 HT200。

三、实验原理

金属硬度实验是测量金属材料表面局部受到压入载荷作用时,产生局部塑性变形抗力指标。与其他力学性能的测试方法相比,硬度实验具有下列优点:试样制备简单,可在各种不同尺寸的试件上进行实验,实验后试样基本不受破坏;设备简单,操作方便,测量速度快;硬度与强度之间有近似的换算关系,根据测出的硬度值就可以粗略地估算强度极限值。因此,金属硬度实验作为金属材料性能检测的主要手段,在生产和科研中得到十分广泛的应用。

硬度的测量可分为压入法、刻画法、回跳法和摆动法等。在机械工业中广泛使用压入法来测量硬度,压入法又分为布氏硬度、洛氏硬度、维氏硬度等。

1.布氏硬度

(1)布氏硬度实验原理。

布氏硬度实验是用载荷为 P 的力把直径为 D 的淬火钢球(或硬质合金球)压入试件表面并保持一定时间,然后卸去载荷,测量钢球在试样表面压痕直径 d,计算出压痕面积 F,算出载荷 P 与压痕面积 F 的比值(P/F 值),用此数字表示试件的硬度值,即为布氏硬度,用符号 HB 表示。

布氏硬度与载荷和压痕直径之间的关系为

$$F = \pi D h = \frac{\pi D}{2}\left(D - \sqrt{D^2 - d^2}\right) \tag{3.1}$$

$$HB = \frac{P}{F} = \frac{2P}{\pi D\left(D - \sqrt{D^2 - d^2}\right)} \tag{3.2}$$

式中,P 为测试用的载荷,kg;D 为压头钢球的直径,mm;d 为压痕直径,mm;F 为压痕面积,mm^2。

在实际测量时可由测出压痕直径 d 直接查 GB/T 231.4—2009/ISO 6506-4:2014 得

191

出 HB 值,附表 1 给出部分硬度值。

　　由于金属材料有软有硬,所测工件有厚有薄,所以在测定不同材料的布氏硬度值时就要求有不同载荷 P 和钢球直径 D。为了得到统一的、可以相互进行比较的数值,必须使 P 和 D 之间维持某一比值关系,以保证所得的压痕形状的几何相似,其必需条件就是使压入角 φ(即从压头圆心到压痕两端的连线之间的夹角)保持不变。根据迈耶尔定律,只要 P/D^2 为一常数,就可以使压入角 φ 保持不变,从而保持了压痕的几何形状相似。按照国家标准规定, P/D^2 比值有 30、15、10、5、2.5、1.25 和 1 七种。布氏硬度的钢球有 $\phi0.5\ \mathrm{mm}$、$\phi5\ \mathrm{mm}$、$\phi10\ \mathrm{mm}$ 三种。载荷有 15.6 kg、62.5 kg、187.5 kg、250 kg、750 kg、1 000 kg、3 000 kg 六种。当采用不同大小的载荷和不同直径的钢球进行布氏硬度实验时,只要能满足 P/D^2 为常数,则同一种材料得到的布氏硬度值是相同的。而不同材料所测得的布氏硬度值也可进行比较。实际测量中可以根据金属材料种类、试样硬度范围和厚度的不同,按照表 3.12 中的规范选择钢球直径 D、载荷 P 及载荷保持时间。在试样厚度和载面大小允许的情况下,尽可能选用直径大的钢球和大的载荷,这样更易反映材料性能的真实性。另外,由于压痕大,因此测量的误差也小。所以测定钢的硬度时,尽可能用 $\phi10\ \mathrm{mm}$ 钢球和 3 000 kg 的载荷。实验后的压痕直径应在 $0.25D<d<0.6D$ 的范围内,否则实验结果无效;因为若 d 值太小,灵敏度和准确性将随之降低;若 d 值太大,压痕几何形状不能保持相似的关系,影响实验结果的准确性。

表 3.12　布氏硬度实验规范

金属类型	布氏硬度范围(HB)	试件厚度/mm	载荷 P 与压头直径 D 的关系	钢球直径 D/mm	载荷 P/kg	载荷保持时间/s
黑色金属	140~450	2~6	$P=30D^2$	10	3 000	10
		2~4		5.0	750	
		<2		2.5	187.5	
	<140	>6	$P=100D^2$	10.0	1 000	10
		3~6		5.0	250	
		<3		2.5	62.5	
有色金属	>130	3~6	$P=30D^2$	10	1 000	30
		2~4		5.0	750	
		<2		2.5	1 000	
	36~130	3~9	$P=10D^2$	10.0	1 000	30
		3~6		5.0	250	
		<3		2.5	62.5	
	8~35	>6	$P=2.5D^2$	10.0	250	30
		3~6		5.0	62.5	
		<3P		2.5	15.6	

布氏硬度值的表示方法是：若用 10 mm 钢球，在 3 000 kg 载荷下保持 10 s，测得布氏硬度值为 400 时，可表示为 HB400。

在其他实验条件下，符号 HB 应以相应的指数注明钢球直径、载荷大小及载荷保持的时间。例如 HB5/250/30 = 100 即表示用 5 mm 直径钢球，在 250 kg 载荷下保持 30 s 时，所得到的布氏硬度为 100。

（2）布氏硬度计的结构和操作步骤。

布氏硬度计由机身、工作台、大小杠杆、减速器、换向开关等部件组成。其主要部件及作用如图 3.44 所示。

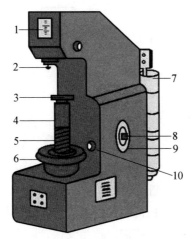

图 3.44　布氏硬度实验机外形结构图

1—指示灯；2—压头；3—工作台；4—立柱；5—丝杠；6—手轮；

7—载荷砝码；8—压紧螺钉；9—时间定位器；10—加载按钮

①机身与试台。

硬度计采用铸铁机身，在机身前台面上，安装了丝杠座，丝杠座中装有配合精确的丝杠 5。在丝杠上端装有可更换的工作台 3。试台的上升与下降依靠丝杠的上下移动，而丝杠的移动则由转动手轮 6 通过螺母来实现。

②杠杆机构。

杠杆机构由大杠杆、小杠杆、吊环、压轴等零件组成。实验力是通过杠杆系统加载到试样上的。

③压轴部件。

压轴部件是由弹簧、压轴、主轴衬套等零件组成。当试样与压头接触时，主轴衬套压靠在主轴上，用以确定压轴工作时的位置，保证了试样与压头中心对准。

④减速器部件。

减速器由两级蜗轮机构组成，传动比均为 1∶40。减速器带动由曲柄、连杆、叉形摇杆组成的连杆机构，在电动机反转后连杆重新升起，实验力从压轴上卸除。

⑤换向开关系统。

换向开关是控制电动机回转方向的装置，可以使加载和卸载自动进行。

2. 洛氏硬度

（1）洛氏硬度实验原理。

洛氏硬度实验是用特殊的压头（金刚石压头或钢球压头）在先后施加两个载荷（预载荷和总载荷）的作用下压入金属表面进行的，总载荷 P 等于预载荷 P_0 和主载荷 P_1 之和。

洛氏硬度值是施加总载荷 P 并卸除主载荷 P_1 后，在预载荷 P_0 的继续作用下，由主载荷 P_1 引起的残余压入深度 e 来计算。

图 3.45 中，h_0 表示在预载荷 P_0 的作用下，压头压入被测材料的深度；h_2 表示施加总载荷 P 并卸除主载荷 P_1，但仍保留预载荷 P_0 时，压头压入被测材料的深度。

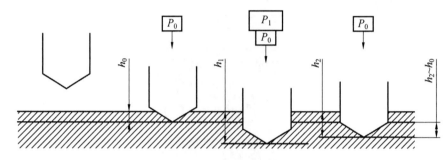

图 3.45　洛氏硬度测量原理示意图

深度差 $e = h_2 - h_0$，该值表示被测材料硬度的高低。

在实际应用中，为了使硬的材料得出的硬度值比软的材料得出的硬度值高，以符合一般的习惯，将被测材料的硬度值用公式加以适当变换，即

$$HR = \frac{K - (h_2 - h_0)}{C} \tag{3.3}$$

式中，K 为一常数，其值在采用金刚石压头时为 0.2，采用钢球压头时为 0.26；C 为另一常数，代表指示器读数盘每一刻度相当于压头压入被测材料的深度，其值为 0.002 mm。

HR 为标注洛氏硬度的符号。当采用金刚石压头及 150 kg 的总载荷实验时，应标注 HRC；当采用钢球压头及 100 kg 总载荷实验时，则应标注 HRB。

HR 值为一无名数，测量时可直接由硬度计表盘读出。表盘上有红、黑两种刻度，红线刻度的 30 和黑线刻度的 0 相重合，为了扩大洛氏硬度的测量范围，可采不同的压头和总载荷配成不同的洛氏硬度标度，每一种标度用同一个字母在洛氏硬度符号 HR 后加以注明，常用的有 HRA、HRB、HRC 等三种。实验规范见表 3.13。

表 3.13　各种洛氏硬度值的符号、实验条件与应用

标度符号	压头	总载荷/kg	表盘上刻度颜色	常用硬度值范围	应用举例
HRA	金刚石圆锥	50	黑线	70 ~ 85	碳化物、硬质合金、表面硬化工件等
HRB	1/16″钢球	100	红线	25 ~ 100	软钢、退火钢、铜合金等
HRC	金刚石圆锥	150	黑线	20 ~ 67	淬火钢、调质钢等
HRD	金刚石圆锥	100	黑线	40 ~ 77	薄钢板、表面硬化工件等

续表 3.13

标度符号	压头	总载荷/kg	表盘上刻度颜色	常用硬度值范围	应用举例
HRE	1/8″钢球	100	红线	70 ~ 100	铸铁、铝/镁合金、轴承合金等
HRF	1/16″钢球	60	红线	40 ~ 100	薄硬钢板、退火铜合金等
HRG	1/16″钢球	150	红线	31 ~ 94	磷青铜、铍青铜等

（2）洛氏硬度计的构造及操作。

洛氏硬度计的类型较多,外形构造也各不相同,但构造原理及主要部件均相同。图3.46 为洛氏硬度计结构示意图。

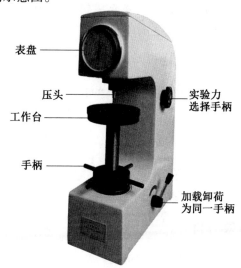

图 3.46　洛氏硬度计结构示意图

洛氏硬度计操作方法如下。

①选择压头及载荷。

②根据试样大小和形状选用载物台。

③将试样上下两面磨平,然后置于载物台上。试样应平整、无油污、无氧化物及明显加工痕迹。试样厚度不小于压入深度的 10 倍。打硬度点处两相邻压痕及压痕离试样边缘不小于 3 mm。

④加预载。按顺时针方向转动升降机构的手轮,使试样与压头接触,并观察读数百分表上小针移动至小红点为止。

⑤调整读数表盘,使百分表盘上的长针对准硬度值的起点。如实验 HRC、HRA 硬度时,把长针与表盘上黑字 C 处对准,实验 HRB 时,使长针与表盘上红字 B 处对准。

⑥加主载。平稳地扳动加载手柄,手柄自动升高至停止位置(时间为 5 ~ 7 s),并停留 10 s。

⑦卸主载。扳回加载手柄至原来位置。

⑧读硬度值。表上长针指示的数字为硬度的读数。HRC、HRA 读黑数字,HRB 读红

线数子。

⑨下降载物台。当试样完全离开压头后,才可取下试样。

⑩用同样的方法在试样的不同位置测三个数据,取其算术平均值为试样的硬度。

3. 维氏硬度

维氏硬度由英国科学家维克斯首先提出。维氏硬度计测量范围宽广,可以测量目前工业上所用到的几乎全部金属材料,从很软的材料(几个维氏硬度单位)到很硬的材料(3 000个维氏硬度单位)都可测量。

以49.03 ~ 980.7 N 的载荷,将相对面夹角为136°的方锥形金刚石压入器压材料表面,保持规定时间后,用测量压痕对角线长度,再按式(3.4)来计算硬度的大小,这种载荷范围适用于较大工件和较深表面层的硬度测定;维氏硬度也有小载荷维氏硬度,载荷为1.961 ~49.03 N,适用于较薄工件、工具表面或镀层的硬度测定;显微维氏硬度,载荷<1.961 N,适用于金属箔、极薄表面层的硬度测定。计算公式为

$$H_V = K \cdot \frac{P}{d^2} \tag{3.4}$$

式中,K 为常数;P 为载荷;d 为压痕对角线长度,mm。

四、实验内容

(1)了解不同硬度测试设备的结构。

(2)了解硬度测试设备的测量范围。

(3)利用不同硬度测试设备测量不同试样的硬度。

五、实验步骤及结果分析

(1)选择不同热处理条件下试样,标记清楚。

(2)将试样去油污及氧化皮。

(3)样品在洛氏硬度计测三个点的硬度数据,然后将三个数据求平均值,得出该材料淬火后的 HRC。

(4)用退火后的样品在布氏硬度计上测两个压痕,每个压痕在垂直的两个方向各测一个直径数值,求该数值的平均查表可得出 HB(用内插外推法查表),再将两个压痕的硬度数值求平均值得出该材料退火后的材料的 HB。

(5)利用维氏硬度计测量所有样品的硬度值。

(6)比较不同的硬度计所测定样品的硬度。

实 验 报 告

1. 简述实验目的。

2. 分析说明 HRC、HB 和 HV 的实验原理有何异同,各有什么优缺点? 各自的适用范围是什么? 测量硬度前样品为什么要进行打磨?

3. 试分析硬度实验中产生误差的原因。

附　　录

附表1　平面布氏硬度值的测定(部分值)

硬质合金直径 D/mm				实验力-球直径平方的比率 $0.102 \times \dfrac{F}{D^2} / (\mathrm{N \cdot mm^{-2}})$					
				30	15	10	5	2.5	1
				实验力 F/kN					
10				29.42	14.71	9.807	4.903	2.452	980.7
	5			7.355	—	2.452	1.226	612.9	245.2
		2.5		1.839	—	612.9	306.5	153.2	61.29
			1	294.2	—	98.07	49.03	24.52	9.807
压痕的平均直径 d/mm				布氏硬度(HBW)					
2.40	1.200	0.600 0	0.240	653	327	218	109	54.5	21.8
2.41	1.205	0.602 4	0.241	648	324	216	108	54.0	21.6
2.42	1.210	0.605 0	0.242	643	321	214	107	53.5	21.4
2.43	1.215	0.607 5	0.243	637	319	212	106	53.1	21.2
2.44	1.220	0.610 0	0.244	632	316	211	105	52.7	21.1
2.45	1.225	0.612 5	0.245	627	313	209	104	52.2	20.9
2.46	1.230	0.615 0	0.246	621	311	207	104	51.8	20.7
2.47	1.235	0.617 5	0.247	616	308	205	103	51.4	20.5
2.48	1.240	0.620 0	0.248	611	306	204	102	50.9	20.4
2.49	1.245	0.622 5	0.249	606	303	202	101	50.5	20.2
2.50	1.250	0.625 0	0.250	601	301	200	100	50.1	20.0
2.51	1.255	0.627 5	0.251	597	298	199	99.4	49.7	19.9
2.52	1.260	0.630 0	0.252	592	296	197	98.6	49.3	19.7
2.53	1.265	0.632 5	0.253	587	294	196	97.8	48.9	19.6
2.54	1.270	0.635 0	0.254	582	291	194	97.1	48.5	19.4
2.55	1.275	0.637 5	0.255	578	289	193	96.3	48.1	19.3
2.56	1.280	0.640 0	0.256	573	287	191	95.5	47.8	19.1
2.57	1.285	0.642 5	0.257	569	284	190	94.8	47.4	19.0
2.58	1.290	0.645 0	0.258	564	282	188	94.0	47.0	18.8
2.59	1.295	0.647 5	0.259	560	280	187	93.3	46.6	18.7
2.60	1.300	0.605 0	0.260	555	278	185	92.6	46.3	18.5

续附表1

硬质合金直径 D/mm				实验力-球直径平方的比率 $0.102 \times \dfrac{F}{D^2}/(N \cdot mm^{-2})$					
				30	15	10	5	2.5	1
				实验力 F/kN					
10				29.42	14.71	9.807	4.903	2.452	980.7
	5			7.355	—	2.452	1.226	612.9	245.2
		2.5		1.839	—	612.9	306.5	153.2	61.29
			1	294.2	—	98.07	49.03	24.52	9.807
压痕的平均直径 d/mm				布氏硬度（HBW）					
2.61	1.305	0.652 5	0.261	551	276	184	91.8	45.9	18.4
2.62	1.310	0.655 0	0.262	547	273	182	91.1	45.6	18.2
2.63	1.315	0.657 5	0.263	543	271	181	90.4	45.2	18.1
2.64	1.320	0.660 0	0.264	538	269	179	89.7	44.9	17.9
2.65	1.325	0.662 5	0.265	534	267	178	89.0	44.5	178.
2.66	1.330	0.665 0	0.266	530	265	177	88.4	44.2	17.7
2.67	1.335	0.667 5	0.267	526	263	175	87.7	43.8	17.5
2.68	1.340	0.670 0	0.268	522	261	174	87.0	43.5	17.4
2.69	1.345	0.672 5	0.269	518	259	173	86.4	43.2	17.3
2.70	1.350	0.675 0	0.270	514	257	171	85.7	42.9	17.1
2.71	1.355	0.677 5	0.271	510	255	170	85.1	42.5	17.0
2.72	1.360	0.680 0	0.272	507	253	169	84.4	42.2	16.9
2.73	1.365	0.682 5	0.273	503	251	168	83.8	41.9	16.8
2.74	1.370	0.685 0	0.274	499	250	166	83.2	41.6	16.6
2.75	1.375	0.687 5	0.275	495	248	165	82.6	41.3	16.5
2.76	1.380	0.690 0	0.276	492	246	164	81.9	41.0	16.4
2.77	1.385	0.692 5	0.277	488	244	163	81.3	40.7	16.3
2.78	1.390	0.695 0	0.278	485	242	162	80.8	40.4	16.2
2.79	1.395	0.697 5	0.279	481	240	160	80.2	40.1	16.0
2.80	1.400	0.700 0	0.280	477	239	159	79.6	39.8	15.9
2.81	1.405	0.702 5	0.281	474	237	158	79.0	39.5	18.5
2.82	1.410	0.705 0	0.282	471	235	157	78.4	39.2	15.7
2.83	1.415	0.707 5	0.283	467	234	156	77.9	38.9	15.6

参考文献

[1] 濮良贵,纪名刚.机械设计[M].8 版.北京:高等教育出版社,2006.

[2] 孙恒,陈作模,葛文杰.机械原理[M].8 版.北京:高等教育出版社,2013.

[3] 陈秀宁.现代机械工程基础实验教程[M].2 版.北京:高等教育出版社,2009.

[4] 宋立权.机械基础实验[M].北京:机械工业出版社,2005.

[5] 王润虎,杨振乾.机械设计基础实验[M].西安:西北工业大学出版社,2002.

[6] 胡宏佳,谭玉华,王世刚.机械工程基础实验技术[M].哈尔滨:哈尔滨工业大学出版社,2011.

[7] 于骏一,邹青.机械制造技术基础[M].2 版.北京:机械工业出版社,2017.

[8] 郑文纬,吴克坚.机械原理[M].7 版.北京:高等教育出版社,1997.

[9] 吴军,蒋晓英.机械基础综合实验指导书[M].北京:机械工业出版社,2014.

[10] 任小中,赵让乾.先进制造技术[M].4 版.武汉:华中科技大学出版社,2021.

[11] 朱张校,姚可夫.工程材料[M].5 版.北京:清华大学出版社,2011.

[12] 崔占全,孙振国.工程材料[M].3 版.北京:机械工业出版社,2017.

[13] 李炯辉.金属材料金相图谱[M].北京:机械工业出版社,2006.